爱你所爱

葡萄酒品鉴攻略

[美] 蒂姆·汉尼　著

林丹妮　编译

黑龙江科学技术出版社

图书在版编目（CIP）数据

爱你所爱：葡萄酒品鉴攻略 /（美）蒂姆·汉尼
(Tim Hanni) 著；林丹妮编译. —— 哈尔滨：黑龙江科
学技术出版社, 2019.12（2020.1 重印）
ISBN 978-7-5719-0287-2

Ⅰ. ①爱… Ⅱ. ①蒂… ②林… Ⅲ. ①葡萄酒 – 品鉴
Ⅳ. ①TS262.6

中国版本图书馆 CIP 数据核字(2019)第 221800 号

爱你所爱　葡萄酒品鉴攻略
AI NI SUO AI
PUTAOJIU PINJIAN GONGLÜE

〔美〕蒂姆·汉尼　著　林丹妮　编译
责任编辑　刘　杨
封面设计　罗雨石
出　　版　黑龙江科学技术出版社
地　　址　哈尔滨市南岗区公安街 70-2 号
邮　　编　150007
电　　话　（0451）53642106
传　　真　（0451）53642143
网　　址　www.lkcbs.cn
发　　行　全国新华书店
印　　刷　雅迪云印（天津）科技有限公司
开　　本　710 mm×1000 mm　1/16
印　　张　11.75
字　　数　190 千字
版　　次　2019 年 12 月第 1 版
印　　次　2020 年 1 月第 2 次印刷
书　　号　ISBN 978-7-5719-0287-2
定　　价　68.00 元

序

乔治 · M. 塔伯

创造历史的人不会惧怕对付世俗认知中最神圣的妖怪。这些人包括伽利略、古登堡或史蒂夫·乔布斯。他们不只是纠正偏见，而且将事物推向了全新的方向，这是稍逊的智慧所难以企及的。他们打破常规，通过颠覆性的变革取得了巨大成就。他们明白生活中最具挑战的事情是创立一个新理念。

如果将蒂姆·汉尼和那些上古巨人相提并论可能还为时过早。但是他肯定是一个追逐未竟事业的人，并且会问："何乐而不为呢？"

我很荣幸，在蒂姆的一些想法还处于未成型阶段的时候，我们花了很多时间进行探讨。这是一次愉快而富有成效的经历。凭借对葡萄酒和食物历史及其复杂性的广泛而深刻的理解，他不怕挑战，既有准则，又勇于提出替代方案。他从不偏执于自己的信念，但是他要求传统的思想家们重新思索。回报是超乎预期的洞察力。您可能不会赞同他所有的观点，但是我保证他会让您思考。

蒂姆的观点不是他某天早上洗澡时头脑发热的胡思乱想，这些观点基于可靠的研究，通常是鲜为人知的新研究，而且来自资深的专业人士。同时，他已经让它们直面许多强劲挑战者的考验，这使他的结论更为可信。他以前对彻底革新葡萄酒和食物准则的异端观点现在已经获得认可，并被纳入"葡萄酒和烈酒教育信托基金会"的课程之中。

他的观点基于其拥有的葡萄酒和食品领域最强大的履历。从十几岁的少年时代，作为一名试验葡萄酒和食物组合的主厨，当他得知如果自己可以根据经验准确说出酒名，就可以在商店里购买法国葡萄酒时起，到自己在贝灵哲酒庄（Beringer Vineyards）接受多年的葡萄酒教育，直至与杰出的研究人员和科学家一起工作，蒂姆已经无须证明自己。

上一代葡萄酒全球化的全面影响才刚开始被人理解，它为从生产商到消费者的每个人提供了巨大机会。葡萄酒不再局限于由少数法国贵族主宰的小圈子。许多领域的新人正在开拓崭新的视野。蒂姆·汉尼是这新一代中最出色的人物之一。那么，请打开一瓶您从未尝试过的葡萄酒，搭配一份非传统美食，在蒂姆·汉尼的葡萄酒和食物新世界中尽情享受。除了过时的偏见，您不必担心任何损失。

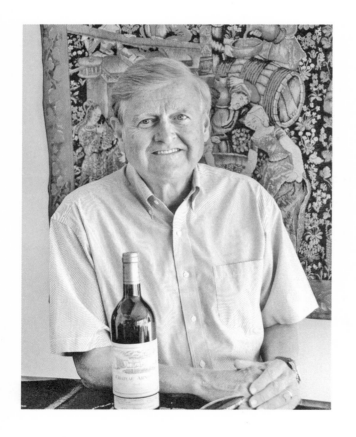

乔治·塔伯曾是《时代》杂志（Time）的国民经济记者和商业版编辑。1976 年，塔伯在《时代》杂志发表了一篇关于著名的巴黎品酒会的报道，当时籍籍无名的加州葡萄酒在霞多丽（Chardonnay）和赤霞珠（Cabernet Sauvignon）盲目品鉴中击败了最好的法国葡萄酒。将近 30 年后，他写出了《巴黎评判：加州 vs. 法国，1976 巴黎品酒会彻底改变了葡萄酒》(Scribner, 2005 年 9 月），这本畅销书被英国葡萄酒杂志 Decanter 评选为年度最佳葡萄酒书籍。他也是《为廉价葡萄酒干杯：创新者、颠覆者和酿酒革命如何改变全球饮酒方式》(Scribner, 2011 年 11 月）的作者。

前　言

享受葡萄酒的意义因人而异

享受葡萄酒有什么秘诀吗？是的，有。然而事实上，所有关于葡萄酒的信息都可归结为两个重要因素：首先，找到您喜欢的葡萄酒；其次，与您最爱的人和食物一起分享。这两点一直是有史以来最真实的葡萄酒传统，也是我希望带给中国人的观念。

虽然许多人可能会把葡萄酒世界想象得神秘而复杂，但是如果在开始探索葡萄酒时就牢记这些简单的原则，您将会明白它只是一种健康的天然饮料，可以给生活带来极大乐趣，并且您将懂得选择合适的时间、地点以及食物来品尝美酒。

中国向世界推介了茶，而现在西方已经把葡萄酒带到了中国。就像中国的茶一样，几个世纪以来，葡萄酒在欧洲一直是首选饮料，喝葡萄酒比喝水更安全。今天，随着葡萄酒像茶一样风靡全球，中国无论是作为消费国，还是葡萄酒的主要生产国，正发挥着越来越重要的作用。然而，当葡萄酒来到中国这个有着自身文化、传统、口味和审美的国家，一切与西方的截然不同。有鉴于此，我们认为有必要专门为中国写一本有关葡萄酒的书。

世界各地对葡萄酒有诸多误解，这些误解引起了不少困惑，尤其是对刚开始喝葡萄酒的人来说。通常，人们更看重听专家说你应该喜欢什么葡萄酒，而不是找到自己喜欢喝的葡萄酒。和很多国家一样，在中国，人们过多强调的是红酒，尽管不少人认为红酒过于粗糙和苦涩，他们偏爱更甜、更滑或更细腻的葡萄酒。

另一个误区是，葡萄酒被当作一种"时尚"而不是令人愉悦的饮料。当然，时尚是重要考量，但是它不应干扰您的个人享受。无论是在服饰、食物、艺术还是葡萄酒领域，时尚在不断演变。正如您已经获悉哪种风格的服饰、食物、电影、书籍和音乐最适合自己一样，您的目标应该是找到并享受专属于自己风格的葡萄酒，并满足您的个人口味。

您怎样找到专属于自己风格的葡萄酒呢？

我们相信这件事应该始于发掘自己的"酒型人格①"：您的葡萄酒风格基于多重因素，包括自身敏感性。本书中，我们将介绍四种基本的酒型人格。发现并理解自身的酒型人格可能会让您大吃一惊。这也可以解释为什么您可能喜欢甜葡萄酒，而某位专家却误称甜葡萄酒非时尚之选。不喜欢某款葡萄酒是完全可以理解的，不管它得到多高的赞美。有成千上万种葡萄酒可供选择，类型包括红、白、玫瑰色、甜、不甜、浓烈、淡雅。我们的目标是助您找到适合个人口味的葡萄酒——您的酒型人格。

"因为我喜欢它"——了解葡萄酒的要领

但是在营销上，葡萄酒通常被更多赋予某种时尚身份或威望象征，而非发自内心的享受。举个例子，这个真实故事涉及葡萄酒行业两个最重要的人物——来自加利福尼亚纳帕谷（Napa Valley）的罗伯特·蒙达维和法国波尔多著名木桐酒庄（Chateau Mouton Rothschild）的主人菲利普·德·罗斯柴尔德男爵。20 世纪 70 年代，男爵邀请蒙达维先生前往法国，以商谈两个家族的合作事宜以及纳帕谷的新酒庄。该项目将成为世界闻名的纳帕谷作品一号（Opus One）酒庄。

男爵在木桐酒庄的一次奢华晚宴上招待了蒙达维先生及其妻子，并从酒窖里拿出了美味的葡萄酒。其中包括滴金酒庄（Chateau d'Yquem）的极品年份酒，这是世界上最著名的甜葡萄酒之一。这种酒通常做微冷调制，而蒙达维先生却惊讶地发现男爵几乎对这款珍贵的葡萄酒做了冷冻处理，里面还有

---

①原文为 Vinotype，为本书作者自创词，意为"酒型人格"。

小块冷冻葡萄酒冰凌。"您在干什么？"他有些疑惑，"这样做不合适。"
男爵答道："因为我喜欢它。"

"因为我喜欢它！"这是真正从内心享受葡萄酒。罗伯特·蒙达维酒厂现在
正是这样处理甜美的莫斯卡托（Moscato d'Oro）葡萄酒的。

喝一杯自己钟爱的葡萄酒，自信地以您最喜欢的方式享用，这是最伟大葡萄
酒专家的标志。本书旨在使中国人成为葡萄酒专家，全民热爱和享用葡萄酒。

即便在最权威的葡萄酒教育项目中，传统的葡萄酒信息也常常显得过时。写这
本书是为了给中国人带来关于葡萄酒的最新信息。葡萄酒在全球享有最高人
气，然而，在我们心目中与葡萄酒传统联系在一起的国家，尤其是法国和意大
利，它却变得出奇地越发不受欢迎。我们希望中国成为葡萄酒爱好者和生产商
的国度，他们可以成为葡萄酒时尚的领导者，而非陈旧过时信息的盲从者。人
们应当探秘、分享和享受葡萄酒。

当今，葡萄酒的包装方式是如此之多。上乘的葡萄酒不仅需要传统的软木
塞，还会使用优质螺旋盖。您可以用高大上的杯子或任何种类的玻璃杯喝
酒，甚至可以效仿传统葡萄酒国家最近流行的方法，使用无柄的简易玻璃
杯。我们希望所有的中国葡萄酒爱好者选择最美味或最应景的葡萄酒，并且
向世界展示一个现代国家如何开始学习"从内心热爱葡萄酒"，而不仅仅是
盲从专家的规则和偏好。

因为葡萄酒种类太多，而且中国又是如此庞大和多元化的国家，您在这本书里
不会找到多少具体的葡萄酒推介。这本书更多涉及的是如何享受葡萄酒，而非
人们可能会在一般葡萄酒书中发现的传统信息。它旨在成为人们探索世界各地
葡萄酒奥秘的通用指南。我们的使命是在中国推广一种全新的葡萄酒品鉴原
则，并纠正对于上乘葡萄酒和您经常饮用的葡萄酒之间差异的诸多误解。

纵观全球，欧洲、澳大利亚、新西兰、南非和南美洲都在出产美妙的葡萄
酒。在东欧、波罗的海以及被认为是葡萄酒发源地的地区：土耳其、叙利亚
和以色列，葡萄酒生产正重新兴起。日本和中国的葡萄园和葡萄酒厂也在不

断发展，中国显示出成为葡萄酒消费和生产大国的潜力，就全球范围内迅速扩大葡萄酒普及度而言，中国和其他亚洲国家提供了巨大推动力。

现在有葡萄酒小作坊，也有产量高达数百万箱的大型酒厂。每一级别的葡萄酒质量都从未好过当下，每个人都有自己的口味、风格和审美。

消费者从未有过如此多的葡萄酒选择、信息或供应。据估计，在美国市场，任何时候都有近10万种不同葡萄酒可供选择，而且这个数字正在迅速增长。新兴和传统产区的加速扩张，加上大型葡萄酒厂推出新品种的普遍策略，将确保市场在未来很长一段时间内不会缺乏选择。

随着葡萄酒产量的惊人爆发，通信手段的变革也带来了新挑战。互联网无疑转变了葡萄酒的买卖模式。它改变了消费者研究和了解葡萄酒的方式。就志同道合的葡萄酒爱好者如何召集并分享信息，以及持不同观点的人群如何争论并攻击对方而言，这也产生了深远的影响。葡萄酒评论家的角色已经演化，博客、葡萄酒论坛和网络作品允许任何人成为葡萄酒专家。

难怪消费者在接受调查时，描述自身对葡萄酒感受的最常见形容词是"困惑"和"不知所措"。未曾演化或改进的是对葡萄酒爱好者和消费者的更深刻了解。对消费者的更深入了解将提供更好的方法来引导其发现自己真正钟爱的葡萄酒，并且满足其个人偏好。

为何能传递如此多快乐的东西却成为如此多威胁和焦虑的来源？

大量葡萄酒相关信息以前所未有的速度和热度得以传播，然而信息质量却大不如前。被误读的假设、神话和传说已经成为"真理"。从认为喝甜酒的人太单纯（应该学会偏向干酒）的错误观点，到认为红酒配肉最佳的理念，长期以来，这些说法被不断重复并且未受质疑，以至于它们被接受为传统智慧或永恒真理。我现在邀请大家质疑这些假设，破除这些神话，恢复葡萄酒知识的真实性。

我对葡萄酒的长期热情，从作为一个狂热爱好者开始，最终发展成为职业习惯。我从一个单纯喜欢喝酒的人，发展成了葡萄酒爱好者，最后变成了专家和葡萄酒鉴赏家。自此，我成为了热情的学生、专家和葡萄酒内行。即便当我成为葡萄酒大师时，我也时常困惑于自己所传达的信息（例如食物和葡萄酒搭配）会引起不同受众的不同反应。同样的酒，或者酒和食物搭配，可能会引起从愉悦到厌恶的各种反应。现在我明白个中缘由了。

为了发现人们有如此不同反应的原因，我开始了一次私人旅程。这一旅程变成了数十年的研究，与世界各地从科学家到消费者的各类人群进行探讨。我呼吁改变人们围绕葡萄酒进行交流和互动的方式，很大程度是因为我已经理解了我们的感知会如何因人而异。从恒温器设置和噪声水平，到某些人从服装标牌中获得的刺激，我们在生理上的根本差异有助于解释自身各方面的偏好。虽然有些人会喜欢浓烈的高度葡萄酒，但对其他人来说，这些葡萄酒是令人不愉快的。相反，他们会被甜美的低度葡萄酒所吸引，以避免他们认为难以忍受的苦味和灼烧感。

热情和善意的葡萄酒狂热分子，包括我自己，都会对基于有缺陷或歪曲信息而对葡萄酒消费者产生的误解而感到内疚。一个最普遍的误会是，喜欢甜酒的人不懂世故，并且会适时"成熟"到偏爱较干的葡萄酒，这就好比认为他们对甜味葡萄酒的偏爱在某种程度上是不成熟的想法。事实上，这种人属于我所说的酒型人格中的甜美型，这是四种基本感官敏感群体之一，由拥有最高感官敏感度的个体组成。发现自身的酒型人格是发现您所钟爱葡萄酒的第一步，由此您会理解为什么不同的人对同一种葡萄酒会有完全不同的感知体验。

与葡萄酒相关的探讨、营销，尤其是品鉴方式需要进行彻底变革。这一点促使我提出了"全新葡萄酒品鉴原则"，我在本书中会对此进行阐述。如果您不了解葡萄酒，也不必抱歉，我希望您会在这里找到发现自身所偏好葡萄酒的途径。如果您来自葡萄酒行业（酿酒师、零售商、品酒师、葡萄酒作家或品酒室团队成员），您会找到更好的办法来服务客户，帮助他们提升对葡萄酒的热爱，同时提供更个性和私密的方式来探索和发现新的葡萄酒。

我对这一切原理的理解完全改变了我对葡萄酒、餐酒搭配，尤其是饮酒者的认知。市面上关于葡萄酒以及餐酒搭配的书籍没有数千本也会有几百本。据我所知，目前没有一本书涉及葡萄酒消费者，以及因人而异的葡萄酒偏好的决定性因素。

葡萄酒推介或指南不会告诉您什么葡萄酒可以搭配什么食物。我写这本书更多是为了加深我们对人性的理解，而非理解葡萄酒本身。我希望您会喜欢这些信息、示范、见解和故事。如果这本书有助于人们更深入了解形成不同个人偏好的原因，同时对就葡萄酒持不同观点的人给予更多理解和宽容，那么这本书已经完成了它的使命。

学会发自内心地热爱葡萄酒，同时永远记住我们钟爱的葡萄酒往往与众不同。

蒂姆·汉尼向中国葡萄酒专业人士提出倡议

我们写这本书的目的是以一种更吸引人的新颖方式向中国人介绍葡萄酒，以期推广葡萄酒品鉴和葡萄酒消费。我们邀请葡萄酒业内人士，尤其是参与葡萄酒销售和教育领域的同人，一起提高葡萄酒在中国人心目中的美誉度和普及度。通过阅读并理解本书提出的全新葡萄酒品鉴原则，我们都可以更好地理解葡萄酒偏好，然后引导葡萄酒消费者了解其钟爱的葡萄酒风格，并且在中国培育新一代葡萄酒爱好者。

我们邀请所有葡萄酒专家和专业人士加入我们的队伍，以期使葡萄酒成为每个中国人的日常选择，并且通过葡萄酒专家的培训，帮助人们找到自己最钟爱的葡萄酒。

目　录

第七章　让葡萄酒匹配用餐者，而非晚餐

第八章　中国葡萄酒的未来在哪里

第一章 个人选择的力量

同，并且我们常常将其视作与他人交流的指引。

——安东尼·罗宾斯

为了高效沟通，我们必须认识到：我们的世界观各不相

阿尔伯特·爱因斯坦说："冥顽不灵意味着反复做同样的事情却期待不一样的结果。"如果某人诉诸更正式的信息源，冥顽不灵可被定义为"极度愚昧或不理性的人"或者"完全愚蠢或不合常理的事情"。数十年来，葡萄酒行业一直致力于改善葡萄酒在消费者心目中的高冷印象。实现这一使命的手段包括葡萄酒教育和宣传餐酒搭配的优点。我认为，更多的葡萄酒教育以及餐酒搭配的改进和升级并不足以颠覆葡萄酒的高冷形象。因此，过度迷信葡萄酒教育，以及执着于餐酒搭配的固有神话，符合爱因斯坦对冥顽不灵的定义。

现在，在您炫耀自己的调酒技术前，我不会妄议葡萄酒爱好者、狂热者和权威人士相对于现代社会中任何人的固执程度。人们痴迷于各种东西：音乐、艺术、汽车、手提包、电子产品，无所不包。当人们对事物感到疯狂时，他们经常做疯狂的事情，至少在周围人看来是这样的，例如：为某物花费大量金钱，花费过多时间专注于某事，为痴迷对象费尽心思。任何像葡萄酒一样多样化和差异化的东西，以及相关历史、传统、科学、仪式和产品范围，肯定会受到某种特殊观念的影响。

冥顽不灵的一个特点就是妄想！我建议葡萄酒界人士反思以下行为：无端妄想，广泛传播虚构的与葡萄酒有关的故事以及餐酒搭配概念。

我并非认为葡萄酒教育不好，但我相信很多信息都需要修正。我也不主张摒弃餐酒搭配理念，但我认为它的理念亟须修正。

如今，在葡萄酒专家中间广为流传的另一个妄想是：日常葡萄酒消费者无法自己判断葡萄酒的好坏。

这种状况让所有葡萄酒爱好者感到担忧。我曾参加某高星级米其林餐厅

的精致晚宴，坐在一位好友旁边。客人包括感官科学家和很多大厨，他们都参加了旨在庆祝鲜味被正式提出100周年的国际研讨会。如今，鲜味连同甜、酸、咸和苦被认为是五种基本口味。菜单上有10道菜。每道菜都有由侍酒师挑选的合适配酒。

尝过第二道菜之后，我的朋友转过身来对我说："他们挑选的葡萄酒真的太浓烈了，不合我的口味。您可以帮我点一些我更想要的吗？"

没问题！毕竟我是一名葡萄酒专家、葡萄酒大师和认证葡萄酒教育家。而且，我非常了解这位女士和她的口味。我召唤了侍酒师，问道："您可以上一杯不那么浓烈，可能只是微甜且低度的葡萄酒吗？"

"先生，"他答道，"我们已经为每道菜搭配了最好的葡萄酒。"

"我理解，"我善意地回复，"但我的朋友真的会喜欢更清淡、更精致的葡萄酒。"

"先生，如果您对葡萄酒和食物略知一二，您会发现这些是配菜的最好葡萄酒。"

哦哦，我被羞辱了。

不过，我还是要求看下酒单。当侍酒师去拿酒单时，我的朋友用肘部轻推我并示意，"给他看看您的名片！"但我只是点了一杯她爱喝的葡萄酒。

这位女士是 Lissa Doumani，她和她的丈夫 Hiro Sone 拥有"Terra"，这是一家位于纳帕谷中心，圣海伦娜的米其林星级餐厅。他们还拥有

Amé，这是他们在旧金山的第二家米其林星级餐厅。Lissa 是 Terra 的糕点厨师，别称"糕点公主"。她也是 Carl Doumani 的女儿，后者拥有奇朔（Quixote）酒庄，并且是鹿跃（Stag's Leap）酒庄（Lissa 在此长大）的创始人。她是一个在食物和葡萄酒世界里游刃有余的女人，所以她有足够的信心要求不一样的葡萄酒，而不是服务员的傲慢嘴脸。然而，一家顶级餐厅训练有素的专业人士不愿意为她奉上她想要的葡萄酒，因为这不是"正确选择"。

我知道侍酒师只是在例行公事，至少在如今的行业风气下这样做无可厚非。

但是他真的在全心全意为顾客服务吗？成千上万的人会有 Lissa 这样的遭遇，他们坐在餐厅，参加晚宴或是参观品酒室，他们过于腼腆，无法要求自己真正喜欢的东西—— 一杯清淡、细腻或者甘甜的葡萄酒。有太多这样的人，实际上，他们就是四种基本的酒型人格中的一种，如果甜美型选择了厚重而浓烈的高度葡萄酒，就要忍受其所带来的无法抗拒的烧灼和苦涩感。

然而，如今他们经常受制于训练有素的善意葡萄酒爱好者。事实上，在当下的葡萄酒行业，专家们不仅评估、判断和鉴定葡萄酒，他们甚至评判并不公平地批评被其所否定的葡萄酒的拥趸。

我知道这种公开的反对行为，因为长久以来我也曾乐在其中。我曾经是一名葡萄酒极客，在纳帕谷工作，同时还会在全球举办葡萄酒研讨会。我当时在教授葡萄酒鉴赏艺术并尝试创新葡萄酒与餐食的搭配原则。当时总会有人不喜欢我极力推荐的葡萄酒，或者不认同我引以为傲的创新餐酒搭配原则，我也时常想知道问题出在哪里。真是烦透了那些人！他们怎么会这样？他们什么也不懂吗？

而他们也经常一头雾水："我怎么了？"因为他们不喜欢专家认为很棒的葡萄酒，或者他们发现餐酒搭配非常糟糕。他们没有尝试发掘葡萄酒的个中乐趣，并且转而点个鸡尾酒以免尴尬。这意味着葡萄酒行业失去了一次销售机会，同时某位潜在葡萄酒爱好者被拒之门外。

不相信我？那么请您随意走进某高端酒庄的品酒室或高级餐厅（经营"美味牛排"的餐厅尤佳），然后点一杯白仙粉黛（White Zinfandel）。通常情况下，您会因为明显缺乏鉴赏力而受到某种形式的反驳。〔对立的选择是点一杯浓郁、厚重的赤霞珠（Cabernet Sauvignon）搭配一块精致鱼排。在任何情况下，您都可能会因为不谨慎而遭到公然反对。〕我常常在外出就餐时问询白仙粉黛，只是为了看看它会引起什么反应，比如：

我曾经在某个晚上抵达某酒店参加葡萄酒会议，然后独自一人用餐。我问女服务员："白仙粉黛配不配我的牛排？"

"不，"她告诉我，"赤霞珠会是更好的选择。"

"您喜欢赤霞珠吗？"我问道。

她承认自己不喜欢。她告诉我自己其实讨厌葡萄酒。我指出了问题所在，事实上她确实喜欢甜葡萄酒。她显得很尴尬，但她确实喜欢我点的白仙芬黛。然而，她被告知这是糟糕的葡萄酒，当然不该和红肉一起点。嗯。

基于我们热情好客的传统，曾经我们会说客人永远是对的，然而在葡萄酒行业中，我们却用不同的标准对待客人，我们会质疑客人对葡萄酒的选择。事实上，我们的葡萄酒专业人士甚至会对客人说："先生，如果您懂葡萄酒的话……"葡萄酒行业究竟怎么了？

葡萄酒 & 热情好客

虽然如今的甜葡萄酒饮用者经常被贴上不懂世故的标签，但实际上有段时期（不太久远），甜葡萄酒曾经在餐桌上备受推崇：它们不仅仅是甜点葡萄酒，而且"如果客人喜欢"，在就餐时随时可供选择。这是被忽视、遗忘或未知的葡萄酒历史：因为葡萄酒专家总是试图告诉人们应该或不应该喜欢什么。我们失去了热情好客的传统：真正了解和满足客人的期望和要求。我认为，任何在宴客时调酒的人，餐馆或酒吧的专业服

务人员或侍酒师，或者在商店推荐和销售葡萄酒的人，都是在为客人提供服务。我甚至会将范围扩大到销售葡萄酒的网站、葡萄酒博主和葡萄酒权威人士。当我说到"服务"客人时，前提是为客人服务，而非调酒，它涉及葡萄酒售卖、展示、开瓶和倒酒的艺术、礼节和仪式。

"guest"这个词最初的意思是"陌生人，未知事物或精神"，它与德语单词"geist"密切相关。因此，拜访您的家或客栈的人也意味着一种未知的精神。"host"这个词来自拉丁语单词"ghotis"，如今被定义为客人或陌生人的接待者。"poltergeist"字面上表示吵闹的客人或幽灵——吵闹的陌生人或灵魂。正如电影《鬼驱人》中所说的那样："他们在这里。"顺便说一句，如果客人们试图在未结账的情况下离开某个收费场合，常规做法就是留下某个成员作为担保，直到付款为止。这就是"人质"这个词的来由：一名成员被扣押，以确保另一方遵守协议的特定条款。

真正的热情好客是让客人或陌生人感受到"不友好"（英语中同源的另一个词）或未知环境中热烈欢迎的艺术。葡萄酒类型鉴别是一种更好地理解别人，并且以温情、慷慨的方式对待每个人，甚至是陌生人的方式。我希望任何餐厅工作人员或认证侍酒师都能牢记这一点。

在中国享受美食和葡萄酒的前提

在中国，另一个重要的考量是葡萄酒与各种美食的搭配。在西方，目前流行创造新的餐酒"配对"。因为食物每次都是分盘盛放的，专家们会选择自认为与各道菜相配的葡萄酒：鱼类配白葡萄酒，肉类配红葡萄酒等。但是在中国怎么办呢？您可能会在同一时间在一张餐桌上找到 20 种完全不同的美味佳肴。用餐者会期望您一次打开 20 瓶不同的葡萄酒吗？当然不可能，试图将自己的规则强加于中国人的西方专家只会成功地让自己和别人抓狂。

正如您会看到的，这些严格的配对规则在西方也并不能完全发挥作用，因为如果从一开始葡萄酒就不是您喜欢的风格，那么食物也不太可能让配酒增色。我们的使命是：不仅在中国，更要在全球改变这些规则。

当您开始了解自身的酒型人格，并且逐渐找到适合您的葡萄酒时，这些复杂的配酒烦心事就变得无足轻重。当您找到适合自身风格和酒型人格的精致葡萄酒时，您只须尽情享用自己选择的食物——无论是辛辣川菜还是精致点心。

我们的愿景是：大家乐于在餐桌上畅饮并分享葡萄酒，就像每个人都可以享用各类美食一样。

和茶一样，人们有很多场合可以喝葡萄酒，也有许多仪式适合品鉴葡萄酒。喝杯葡萄酒可以是一天结束时的放松方式。它有助于促进一群陌生人之间的交际，也能将一群朋友的聚会变成开心派对。它能将晚餐变成特别的浪漫场合。它还可以用于款待贵宾，还可以用于重要的家庭、社交或商务庆祝活动。一杯葡萄酒有助于为食物提味，同时适量饮用有益健康。一些西方医生认为，每天喝一杯葡萄酒对心脏有好处。

您可以自己选择让葡萄酒融入个人生活的方式，当您发现最有意义和回味无穷的味道及经历时，您会发自内心地享受葡萄酒。

终结傲慢专家的"专政"

我认为现在有必要终结业内卫道士的"专政"，同时把选择权移交给葡萄酒消费者。是时候推广饮酒乐趣，同时更加关注消费者的偏好、兴趣和热情了。是时候改变葡萄酒话题了，现在要打破陋习，纠正在当今葡萄酒界被接受为一般常识但往往是谬误的信息。

在中国，随着对葡萄酒认证和教育的重视，这种现象越来越普遍。

这不是有损任何批评者、作家、评估师、专家或权威人士的声望。这意味着包容对葡萄酒不同形式的描述、评估和定级，如评分、软文、奖牌和描述性散文。这意味着所有形式的葡萄酒描述、评价和定级都可以和平共处。与此同时，通过对个人偏好迥异之原因以及如何提高葡萄酒消费者服务水平的更多理解，最终为他们提供受欢迎的正确的信息、建议和葡萄酒。

简而言之，我们会共同努力，致力于在葡萄酒界弘扬热情好客的传统，消除业内卫道士的陈规陋习，同时提供更多元化的高效个性化方式来引导消费者购买钟爱的葡萄酒。

多年来，关于葡萄酒、葡萄酒消费者以及餐酒品鉴的信息变得如此扭曲和迂腐，以至于让数百万消费者敬而远之。是时候重新接纳数百万被疏远的消费者了，他们喜欢葡萄酒，只不过对个人偏好不明确，同时对葡萄酒专家的规则和价值观深感畏惧。

葡萄酒行业承认消费者已经无所适从。如果我们想继续提高饮酒乐趣，当务之急是"教育"葡萄酒消费者。这种"教育需求"对于消费品而言并不是好现象。

我们曾经不断尝试，以挽回被大量葡萄酒产品淹没的消费者。"让葡萄酒回归本质"的战斗口号以及所有消除与葡萄酒相关之焦虑的尝试今天仍在继续，并且几十年来一直如此。那为什么问题仍未解决呢？

即便有最好的出发点，许多葡萄酒教员和服务人员却在固守过时的操作流程。试想如果地理专家仍在妄想地球是平坦的，他们试图更好地教授人们地理知识的努力也是徒劳。合理的解决方案不会与平坦世界有任何关系，它需要更新过时的规则。大部分关于葡萄酒的信息和语言都随着时间的流逝而被破坏和扭曲。使用歪曲信息的任何手段都无助于提高葡萄酒理应拥有的全球普及度。

如今的葡萄酒消费者需要新的信息体系，以便他们不再对自身的葡萄酒偏好感到不安或尴尬。现在是时候重新赋予所有葡萄酒消费者发现并自由表达自身偏好的权利了，他们有权要求能够满足并超出自身期望的葡萄酒。现在也是时候培养那些愿意并且能够在个人层面上与消费者进行平等互动的葡萄酒专业人士了。对于推动个人偏好、态度和行为因素的更多了解，将意味着葡萄酒专家、批评家、评论家和专业人士可以更好地沟通和服务葡萄酒消费者。

全新葡萄酒品鉴原则的使命

本书提出了全新的葡萄酒品鉴原则，这一原则从始至终专注于葡萄酒消费者的教育流程，而我希望它可以成为任何其他葡萄酒教育或培训计划的新起点。此项任务旨在实现以下目标：

鼓励更具活力和更多元化的葡萄酒市场，为所有类型和风格的葡萄酒以及所有产区提供更多机会。

强调葡萄酒与用餐者而非食物匹配。

创建统一教育平台，为任何对葡萄酒感兴趣或充满热情

的人打下新基础。

将葡萄酒类型甄别纳入当前所有葡萄酒教育计划。

就不尊重他人个人偏好者制定零容忍政策。

消除时常强加于或针对葡萄酒消费者的傲慢和不恰当判断。

开启葡萄酒新时代，迎接全球各产区葡萄酒的多样性以及葡萄酒爱好者的多样性。

口味平衡的标准因人而异

葡萄酒的口味"平衡"是主观性的。葡萄酒专家经常指出葡萄酒需要一定的"平衡"，这通常取决于给定葡萄酒的类型、品种或风格。然而，至于特定甚至普通葡萄酒平衡与否，即使是专家也经常意见相左。当涉及消费者对于平衡的认知时，对于什么构成良好或恰当的口味平衡也没有一致意见。

以下的对于葡萄酒"平衡"的定义似乎尚被认可：当甜度、果香、酒精度、单宁酸水平和酸度协调统一时，葡萄酒则具有良好的口味平衡性。

目前尚无一致意见来鉴定口味平衡的葡萄酒，在葡萄酒专家和消费者中间都是如此。当然，消费者和专家之间可能存在巨大的认知鸿沟。

有些人喜欢果味非常醇厚的葡萄酒，而有些人则认为这些葡萄酒令人不悦。有人要求高浓度的涩性单宁酸，而其他人发现甚至少量单宁也难以接受。葡萄酒酸度可以迥异，一个人可以接受的口味对另一个人来说可能就非常酸。在这个定义中甚至没有提到甜味，被无视的原因源于当下错觉：干葡萄酒是优质葡萄酒，甜葡萄酒在大多数情况下是不可接受的。

对于葡萄酒是否"平衡"的看法或观点没有任何本质错误。同样重要的是：要认识到有些葡萄酒是平衡的，或者显示出可能被有些人认为是葡萄酒中技术缺陷，而其他人认为非常平衡和美味的特质。我们的认知和期望可能会有很大差异。

平衡是指甜度、酸度、酒精度、单宁或苦味和烈度五要素之间的主观相互关系，它决定葡萄酒的整体风味。良好的平衡取决于个人偏好和期望。

葡萄酒风味中的五种元素

对于平衡性作为决定性特征的葡萄酒来说，知晓人们对葡萄酒平衡有不同想法也为不同类型葡萄酒的总体解读留下了广阔空间。相对而言，具体例子可以概括如下：

〇赤霞珠（干性、中等酸度、高酒精度、高单宁／苦味、高烈度）

〇法国夏布利（French Chablis）（干性、高酸度、中酒精度、轻微单宁／苦味和中等烈度）

〇白仙粉黛（适度甜、中等酸度、低酒精度、无单宁／苦味、轻烈度）

风格波动较大的葡萄酒基本可以归纳为：

〇雷司令（Riesling）（非常甜到干性，通常较高酸度，

低至中等酒精度，有时略带苦味，轻至中等烈度）

○红仙粉黛（中度甜到干性，中到高酸度，中到高酒精度，轻到高单宁／苦味，轻到高等烈度）

这与多数葡萄酒业内人士认为的推广葡萄酒平衡主题的合理方式相去不远。以下是本书提出的全新葡萄酒品鉴原则和传统原则对于葡萄酒的区别性描述：

○除非受个人意见左右（或基于专家集体对特定葡萄酒的一般共识），任何给定葡萄酒都不会"太甜"。

◆全新葡萄酒品鉴原则：这款酒非常甜，不太适合我的个人口味，但我知道它会令喜欢这种酒的人着迷。

◆传统原则：我把白仙粉黛当作口香糖或入门级葡萄酒。

○只要明白对适当性以及简单好坏的判断必然存在分歧，那么关于酒精水平的争论就能平息。人们可以说："我个人喜欢这款酒的较低酒精度，但我知道其他人希望这种酒有更高的酒精含量。"

如果有人知道来自给定产区的某个葡萄酒品种或类型的平衡性基准，那么我们可以进行新的探讨，而无须不必要的贬损言论或判断。它还有助于在比较不同葡萄酒时使用比较性而非判断性的描述，以帮助消费者（和专家）在讨论葡萄酒时免于证明有更好或最好的平衡性，其实只是稍有不同而已。

个人观点可以且应该成为任何葡萄酒话题的一部分，但不应该像今天这样妄下判断或批判。任何个人观点，无论是否专业，都应基于对个人感知主观性及期望的更多理解，以及对帮助他人找到其所中意的葡萄酒的关切。

您的酒型人格是什么？

经过近 20 年对消费者的葡萄酒偏好、行为和态度的研究，我已经确定了四个不同的组合，我称之为"vinotype（酒型人格）"。酒型人格的定义基于生理因素的组合，这些因素决定了您感知敏感度的总体水平以及影响您偏好的心理因素：学习、生活经历结合时尚和礼节的文化、社会和类似元素。

"vinotype"是对"phenotype（表型）"这个词的直接套用，这意味着一种生物体表现出在适应不同环境时进化出的遗传特征。"vinotype"抓住了决定葡萄酒偏好的本质因素，即个体的固有基因构成结合可能由环境影响引发的适应性：就像普通人参加葡萄酒课程，学习葡萄酒词典并演变为葡萄酒极客。在本书中，对这个过程将有详细解释，并附有更精确地定义您专属酒型人格的说明，但我认为有必要先简要介绍这个概念。

个人的葡萄酒偏好取决于自身的感官敏感度（顺便说明，这与您能够成为葡萄酒专家或品酒师的潜力无关）以及与自身学习、生活经历、文化或社会等因素相关的记忆和期望。

酒型人格由以下标准（将在第三章中详细介绍）定义：

感官敏感度＋类型（愿望、学习）＋ 最爱的葡萄酒 = 您的酒型人格

是时候就葡萄酒进行新对话了

对许多关于葡萄酒的常规信条或传统原则发起批判性新思考和挑战的时机已经成熟。是时候以一种具有建设性的方式来沟通我们的个人偏好和价值观了。"这是一个变革的时代",是时候引入一些积极变化,并开始新时代了。通过更多地了解葡萄酒消费者,以及人们喜欢某些东西的原因,我们可以为传统的葡萄酒教育带来补充和平衡。

我提议的颠覆性变革旨在为关于葡萄酒的新对话打下基础。以下是许多与葡萄酒相关对话的常见开场白。(稍后您将会看到,改变就在于对这些问题的回答。)

○您喜欢什么酒?
○我能信赖谁帮我找到我所喜欢的葡萄酒?
○这种酒能搭配我的饭菜吗?
○我如何在不感到愚蠢的情况下获取更多关于葡萄酒的信息?
○为什么我不喜欢专家(朋友或配偶)喜欢的葡萄酒?

我们的目标是让人们对其目前的葡萄酒偏好产生新的信心,并确保:如果他们寻求帮助,葡萄酒专家和服务专员可以随时理解其需求并毫无偏见地推介他们喜欢的其他葡萄酒。如果人们可以在没有预判、责备或告诫的情况下自由而自信地表达自身的葡萄酒偏好,则表明这项使命已经完成。人们对事物的看法不同,并且这种差异会影响人们对葡萄酒的偏好,这一点应得到大众的认同。

另一个目标是提供新手段,以期让人们在葡萄酒的探索之旅中自己找到答案。与此同时,我希望清理庞杂的错误假设、神话、混乱语言、矛盾的价值观以及与葡萄酒享受相关的信息，如此我们便可以回归葡萄酒的真实历史和传统，以期重新定义并澄清葡萄酒词典中用于评估葡萄酒的重要词语。

我们如何才能将葡萄酒享受提升到全新水平？如何让酿造出美妙而独特葡萄酒的全球新兴葡萄酒产区和传统葡萄酒产区都能获得极大认可和市场知名度？答案是将注意力转向鼓励葡萄酒消费者的多元化。通过创建新系统来利用这种对个人偏好的理解，以及学会将葡萄酒和相关信息与最能享受它们的人相匹配，葡萄酒行业和消费者都将获益。

以下是新对话的可行方式："我可以帮您找一款葡萄酒吗？您知道自己的酒型人格吗？如果不知道，我可以帮您搞清楚。这真的不费事，然后我就可以确保推荐一款您真正喜欢的葡萄酒了！"

很多人可能会说："嘿，我已经提出正确问题并且知道如何做出最佳选择。"我承认，这种情况很常见，甚至可能是最常见的情况，但是有太多误解、神话和传说。因此，通过了解酒型人格，理解决定个人偏好的因素，修改关于餐酒搭配的对话方式以及消除与某些葡萄酒相关的偏见，有关葡萄酒的对话可以更高效。

葡萄酒主题为我提供了似乎无穷尽的欢乐和探索空间。我坚持认为：人们可以花费毕生精力来了解与葡萄酒品鉴、历史、科学和文化相关的知识，并且永远不会失去动力。

这就是我创立全新葡萄酒品鉴原则，并将其视为新葡萄酒基础课程的初衷，终极目的是推动更多人享受来自世界各地更多元化的葡萄酒。本书作为全新葡萄酒品鉴原则的序言，旨在成为其他葡萄酒教育计划的必备

"Wine 101"。

赋权大众？消费者难道没有权利？请容我解释。我指出的权利意味着让葡萄酒消费者成为葡萄酒真实故事的知情者。赋权消费者的标志是他们可以按照自身要求选择葡萄酒，无论是白仙粉黛，霞多丽（Chardonnay），黑皮诺（Pinot Noir）还是拉菲，抑或是来自不知名产区的一款小众葡萄酒。如果人们可以摒弃餐酒搭配的教条，喝自己喜欢

的葡萄酒同时吃自己喜欢的食物，这就意味着他们获得了自由选择权。它伴随着少数葡萄酒专家一言堂的终结——他们曾经指定自认为最合适的葡萄酒风格。

这也意味着号召葡萄酒专家更新关于葡萄酒和美食的真实历史和传统的信息，同时协助打造致力于为所有葡萄酒消费者提供更高水准服务的葡萄酒行业。这是一个"回归未来"的机会，有助于重新审视欧洲葡萄酒文化的传统和习俗，同时修正某些干涉消费者选择权和固守餐酒搭配原则的严重错误。

这些概念的适用领域可不止葡萄酒

您的感官敏感性成型于小时候，其影响远超您的葡萄酒偏好。某些对儿童有吸引力或被抗拒的食物，如番茄酱等，往往是其感官敏感度的早期征兆。包括那些倾向于喜欢更多盐、糖和酸味的人。这些个体时常疲于应付对苦涩感、气味和食物质地的高度敏感性，而其他儿童经常无视或至少容易忍受。我们倾向于惩罚这些孩子，同时告诉他们必须坐下来吃完食物，而"听话"的孩子可以去玩耍。感官较敏感的孩子往往会喜欢咸菜等奇怪的东西，甚至喜欢喝盐卤！他们往往倾向于"多动"和"注意力不集中"，同时被大多数人甚至未察觉的视觉、触觉和听觉分散注意力。因此，了解我们自身感官敏感度和感知倾向的差异远超过葡萄酒享受的范畴。它提供了理解各种行为和态度的机会，也有助于避免我们生活中突然出现的无意识妄想。这些感知差异性导致了我们所生活的世界的千差万别，这一点超乎想象。

我曾经和 Olga Karapanou Crawford 交流，她是一位聪明而充满激情的希腊年轻女性酿酒师，当时尚未获评葡萄酒大师。当她备考葡萄酒大师时，我很荣幸能成为其导师。我们正在讨论关于我在感知差异方面的研究，她告诉我她的成长过程中一种叫作"联觉反应"的特殊经历，这是一种具有精神基础的感知状况，一种感官刺激或者认识途径会自发且非主动地引起另一种感知或认识，比如当我们听到一个声音时就会触发一种嗅觉，像 Olga 和她的姐姐就会通过看到字母或单词而看到它们的颜色。在她 22 岁之前，她没有发现大家都未经历过这种现象，而发现"联觉"为他人所知晓并分享时如释重负，因为这并不意味着她有任何"反常"。我让她写下自己的经历：

"孩提时代，我姐姐和我经常玩'色彩游戏'。她会问：'周六是什么颜色？'我会说'黑'。我妹妹会说：'不，它是红色的。'她也看到了字母和单词的颜色，只是颜色不同。我们经常就此争论，这些争论会升级，直到演变成一场战斗。"

"直到 22 岁我才发现色彩游戏有一个名字'联觉'，并且我和我姐姐都有这种神经性反应。"

"我发现自己与众不同始于 20 岁，到那时我才意识到：并非每个人都能在相同的词语身上看到一样的颜色。我问过我最好的朋友，'你看到的星期一是什么颜色？'她回答：'你指什么？星期一不可能有颜色。'所以当我解释自己的意思时，我意识到她不明白我在说什么。我和我姐姐开始问其他人，反应同样如此。我们开始意识到：彩色字母和单词只存在于我们自己的小世界，而我们无法判断是否有什么问题，或者我们是否只是在臆造。"

"我们当时所做的研究起不了作用，因此我们决定悄悄忍受它：也许害怕自己会发现什么？两年后的某天，我最好的朋友给我发了封电子邮件，上面写着'嗨，我有礼物给你'，下面是转发的 synesthesia 网站链接。这几乎是种解脱。在所有可能已经发生的事情中，对我们来说这绝对是巨大慰藉，也是最有趣的选择。"

我们的感知差异有时非常小，有时却是巨大的。我们为什么爱我所爱？为什么信我所信？为什么以自己的方式感知独一无二的宇宙？如果所有人都能更好地理解背后的因素，我相信世界将在很多方面变得更加美好。有些孩子在成长过程中因感官敏感而受到惩罚：他们很容易分心，不能静坐，有挑剔或怪异的饮食习惯。我们警告他们，并无意识地开始习以为常地训诫："你给我坐好，把蔬菜吃完。其他孩子都可以出去玩。你为什么不是好孩子，就不能学着点儿？"话题回归葡萄酒，通常拥有最高感官敏感度的人会受到指责和刁难，就像他们从小就经历的一样。

我建议：我们也要学会识别并理解他人的感官敏感度。如果您有孩子（配偶，其他重要的人或朋友），并且他们曾经因为喜欢盐，非常挑剔，或者非要蘸番茄酱才肯吃东西而受到抱怨或惩罚，请向他们道歉。请告诉他们您很抱歉，而您现在已经明白并理解他们的世界应该是什么样的。请帮他们找到新方法来应对食物中的苦味，扎眼的衣服以及他们因感官敏感而导致的频繁分心。然后想方设法帮助他们培养健康的态度来尝试新事物，并且在允许决定权的同时，指引他们接受营养和健康的饮食。

要避免您的言行表面上是保护孩子，实际上全是您自己的独断专行。例如，我的敏感的、患有多动症的、聪明的儿子 Landen，他小时候非常喜欢盐，他把盐放在巧克力牛奶中。他最大的美食发现是：盐罐的顶部可以拧开，然后自己就可以随意调味。我记得第一次发生这种情况的时候，他抬头看着我，一手拿着盐罐，一手拿着盖子，睁大的眼睛，略带惊讶的喜悦表情，好像撞到了金矿，或者只是在圣诞节得到了一匹小马。

为了解决他的挑食问题，我会在做饭时让他坐旁边，并且打开罐装香草和调料给他闻。有一次，虽然没怎么关注他，但我听到他大呼"呃哦"，然后转身发现他身体向后倾斜，将辣椒倒在鼻孔里。糟糕。我冲洗了他的鼻腔。幸运的是，我们不需要去急诊室，但这可算是侥幸脱险了。直到今天，他都讨厌任何香辣味。

话虽如此，他还算是美食冒险者。大概 4 岁时，我教他如何偷偷吐出自己不喜欢的食物。为了鼓励探索新事物的精神，他总是获准尝试某种东西，然后如果发现味道或质地有什么问题，他会将食物分散地包入餐巾纸。您可能认为这没什么特别的，然而直到今天他至少勇于尝试任何事情。

另外要记住，我们自认为已经传达的消息可能完全被误解。儿子从小就坐在灶台上，我有责任警告他：炉子很热，不能碰！我会假装碰到炉子并且烧到自己，然后说："噢，炉子很烫，千万不要碰它！"

多年后的一次晚宴上，我们的某位客人问 Landen："你老爸真是个好厨师，不是吗？"

Landen 的回答？看到我这么多次"烧"自己以证明安全必要，他说："不，我爸是一个非常愚蠢的厨师。他一次又一次地在炉子上烧自己。"

这个"新对话"的目的是理解并适应我们的味觉和偏好差异，以确保我们在对话时处在同一频道上。必须确保我们在葡萄酒教育中指出的要点可以传递我们试图表达的信息。如果您是一位葡萄酒教育者，并且说出类似"相信自己的味觉"这样的话，那么无须像我们通常在葡萄酒教育中所做的那样转过身来否定自己。

"你喜欢上周参加的葡萄酒晚宴吗？"有人可能会问。

"不。东西是不错，但是我最喜欢的葡萄酒很快就随着匹配的菜品撤下了，其余的葡萄酒根本不合我口味。"

是时候进行全新的葡萄酒和美食对话了

我相信，几乎所有的餐酒搭配理念主要出自通常善意而热心的葡萄酒和食物爱好者与专业人士的丰富想象力。

这并不是说人们未曾体验到他们所描述的与餐酒搭配相关的或好或坏的经历，关键是它带有主观性。当一位专家被要求推荐餐酒搭配时，他会归纳出这些菜肴的成分，然后根据他大脑中的隐喻性葡萄酒描述清单进行匹配以做出最终抉择。这个过程并非基于任何现实，只取决于我们的丰富想象力和个人葡萄酒偏好。不过这没什么不妥的：如果普通消费者不喜欢推荐的葡萄酒风格或者对仪式化的餐酒搭配有异议，那么还能做些什么呢？

葡萄酒应该匹配用餐者而非晚餐

下面来概述第七章中"葡萄酒 & 食品"的内容。

1. 总是选择一款您最喜欢的葡萄酒。如果您讨厌高酒精度的仙粉黛、白仙粉黛、灰皮诺（Pinot Grigio）、赤霞珠或其他品种，搭配食物（或直接饮用）时它可能令人不悦。

2. 您对餐酒搭配的要求越感性，想象中的葡萄酒和食物相匹配的可能性就越大。这是一种心理现象和自我验证餐酒匹配预言，而非经验现实。

3. 您越是敏感，就越有可能从烈性葡萄酒（高浓度，高酒精度）与高鲜味食物的搭配中获得痛苦的体验。添加少许柠檬和盐可以冲抵大部分负面反应，但您起初应该不会偏爱口味浓郁的红葡萄酒或橡木桶白葡萄酒，那么坚持您最喜欢的葡萄酒。

4. 您的感官敏感度越宽容，就会越喜欢口味浓郁的红葡萄酒，管它搭配什么食物呢。您不太可能产生其他人抱怨的任何痛苦反应。您只想要口味浓郁的红葡萄酒，您知道自己的需求！精致的雷司令配寿司就不适合您的口味了。

5. 如果您喜欢浓烈的葡萄酒和重口味食物的搭配，那么请在葡萄酒和食物将体验提升到全新水平时，寻找那种令人兴奋的协同性，同时匹配并对比口味和质地，然后请继续。只需明白：这种体验是个人的，主观的，而且大多出自您的大脑！

是时候彻底厘清餐酒搭配的作用了。眼下事态完全失控，错误信息、错误前提和误解都前所未见。如果您愿意追随我，那么请试试我在组织葡萄酒和食品研讨会时布置的作业：有意识地尝试错误的餐酒搭配。

多年来，每当我有机会亲自并鼓励他人做同样的事情时，我一直试着为食物搭配错误的葡萄酒，或者为葡萄酒搭配错误的食物。当我在家宴请客人时，我们会把它当成游戏。至于外出就餐，我会问："这道菜配什么葡萄酒会很糟糕？"然后便照例点一杯。我发现：尝试错误组合带来的成就感几乎等同于找到"正确"的搭配。原则是：一款葡萄酒就自身风味而言是您想要的。当然，无论搭配什么食物，您所讨厌的葡萄酒都会令人不悦。

尝试用赤霞珠（如果您喜欢赤霞珠）搭配寿司。再用您最喜欢的霞多丽搭配牛排。您会发现，热爱黑皮诺的人会发现上等黑皮诺几乎适合任意搭配。而长相思（Sauvignon Blanc）爱好者常常很乐意看到其最钟爱的葡萄酒与羊肉、牛排以及您能想到的任何东西搭配。您真的喜欢甜葡萄酒吗？那么请点一杯甘甜雷司令、莫斯卡托或白仙粉黛，搭配意大利面、沙拉、烤牛排或鱼。

我们发现，对可怜的善良消费者而言，如果他们选择了错误的餐酒搭配，"灾难性餐酒搭配"的言论会令人相当难堪。事实上这是非常罕见的场合，尝试错误搭配的练习会立即验证这种思维的荒谬。

来吧，请花上一个星期，一个月或者您的余生，尝试为您的食物搭配错误的葡萄酒，或者为葡萄酒选择错误的食物。您和您的客人将会惊讶于从未想象过的美味搭配所带来的成就感。

常见问题和解答

问：其他葡萄酒专家对您的理念有何看法？

答：有人表示赞同并积极参与持续研究，也有人一直对这些理念抱以不屑和公然敌意。好消息是更多人转而支持而非反对！

我本人联合感官科学领域的几位导师，曾经于 2006 年 7 月在葡萄酒国际研讨会上向来自世界各地的 250 位专家做报告，展示了因人而异的感官敏感度和感知能力的极端变化，下文摘录了英国葡萄酒大师 Jancis Robinson 就此发表的 Purple Pages 博客：

纳帕谷的葡萄酒大师惊世骇俗……
Jancis Robinson，葡萄酒大师，大英帝国官佐勋章获得者

葡萄酒大师蒂姆·汉尼在 2006 年葡萄酒国际研讨会上组织了本

次活动，并让我们所有人做了"PROP"测试，我们将纸浸泡在一种关键化合物（6-n-propylthiouracil）中作为品尝标识物，然后根据无味、微苦或极苦的品尝结果，区分出我们中间的宽容品尝者、标准品尝者和超敏感品尝者。我从未做过这项测试，但希望自己像大多数人一样是标准品尝者，因为这在专业上是最好的。不过我发现自己是超敏感品尝者（"supertaster"是相当有误导性的替代术语），这可以解释为什么相比只对足量刺激有感觉的宽容品尝者，我更倾向于更微妙的口味。

会议达成的主要共识：由于我们自身的敏感性和偏好，各类人群会以不同的方式感知葡萄酒，而葡萄酒界人士却缺乏耐心，恨不得一条原则，甚至一种葡萄酒可以适合所有人。

葡萄酒历史

曾几何时，葡萄酒是数以百万计大众信赖的少数安全饮料之一。它是为家庭和社区所共享的不可或缺的餐桌主角。在中国，人们发现了茶的类似作用：热水可以杀死危险细菌，茶叶中的单宁和化合物对健康有诸多益处。

作为一种水果，葡萄"变质"后的效果非常好！在葡萄酒职业生涯早期，我曾经读到有关葡萄酒的描述，大意为"葡萄酒本质上是还没变坏的葡萄汁"。我喜欢这种说法。不过就严格意义而言，适合"积极发酵"的良种成熟葡萄会赋予葡萄酒所需的一切特质。您只需将葡萄放入容器，接下来的事情就交给大自然和一点儿运气了。

自然酶发酵过程破坏葡萄表层（碳浸渍），将其汁液暴露在表皮蜡质角质层上的天然酵母中。酵母发酵产生的二氧化碳可以防止氧化，同时表皮和茎中的单宁提供更多抗氧化保护，也有助于净化葡萄酒。瞧，您快成为葡萄酒商了！

我喜欢做如下想象：早期人类部落发现了野生葡萄藤，上面挂满成熟的葡萄，他们采摘尽可能多的葡萄带回洞穴。我看到他们将葡萄放在岩石上的天然凹槽中（如果您愿意的话，也可以是天然的碗），然后被叫出去驱赶附近出没的乳齿象。听到召唤后，大家拿起武器，一起追捕野兽。

经过可能长达数周的追踪和艰苦的战斗，胜利的猎人带着他们的战利品返回洞穴。是时候庆祝胜利了，烧烤乳齿象！他们生火，并开始屠宰乳齿象。有人认为一些美味葡萄会让菜单增色不少。等一下，我们的洞穴里有！当他们找到放置新鲜葡萄的岩石凹槽时，他们发现葡萄都不成形且完全变样了。"呃，葡萄坏了！"他们可能已经宣布放弃了。

然后其中一个人用手捧起少许液状物，结果发现汁液相对明亮和清澈，并且根本不会令人反感。事实上，汁液非常可口。

于是他们开始品尝并分享这种新饮料，开始跳舞、拥抱，有点儿疯狂。"这一定是'神赐予的饮料'！"他们这样认为。注意到这种传统的当地葡萄酒品种与地方美食的完美搭配了吗？我给它92分，真是丰富而优雅的口感。这款葡萄酒简单到无须讨好或奉承……好吧，话题扯远了。

对您来说葡萄酒意味着什么？它是一种令人津津乐道的简单饮料，还是代表了探索发现的美妙过程？是否需要费尽心思去寻找？

葡萄酒可以是上述任何一种。在全新的葡萄酒品鉴规则中，消费者优先，任何在商店、葡萄酒课程、互联网和餐馆与消费者互动的人都会赞同并理解对方喜好的初衷。在新规则下，葡萄酒专家可以为您探索美妙葡萄酒提供建议，这些葡萄酒是根据您自身的"感官生理特征"和期望量身定制的。甜美或干性，细腻或强劲，粉色、白色或红色，有或没有气泡，一切取决于自身需求。可以是精致美味型，或者获评 95 分的高浓度酒。"想了解关于这款酒的更多信息吗？好吧，我来告诉您……"

赋权大众有助于打造理解、包容和培养品酒乐趣的葡萄酒社区。如果以前没有人冒险提出以不同视角来查看计算机的工作原理，并找到一种易于操作的方式，那么今天我们会是怎样？

请不要误会。我热爱葡萄酒教育。事实上，我是葡萄酒教育家协会的认证葡萄酒教育工作者。我爱葡萄酒。曾经我也是古板而自命不凡的葡萄酒爱好者，大谈葡萄汁发酵，好像它只能是被指定资深权威所理解的神仙饮料。但我不再是从前的自己！而且，在到达如今的地位前，我经历了葡萄酒爱好者成长的每一个阶段，同时在此过程中逐渐摒弃了妄想。

第二章 参加葡萄酒大师考试带给我的思维转变

很多（我相信有很多）批评我的人认为，我对葡萄酒以及餐酒搭配的信仰和态度，代表了对传统的破坏。然而事实上，这是对经典传统的回归。全新葡萄酒品鉴原则，特别是个人选择权以及餐酒搭配的口味平衡原则曾经盛行一时，只不过自第二次世界大战起开始迷失。

我自身有古典的传统餐酒搭配背景。作为训练有素的专业大厨，我很享受作为葡萄酒零售商的多年经历，曾经主导了许多与稀有葡萄酒收购、销售和消费相关的业务。45 年来，我一直致力于葡萄酒研究和教学。20 世纪 80 年代在纳帕谷工作时，我作为"餐酒搭配大师"赢得了国际赞誉。我和我的好友 Joel Butler 是首批获得葡萄酒大师证书的美国人。

我认可用合适的菜肴搭配特定葡萄酒以追求奇妙调和的重要性，即餐酒搭配的权威。 然而，我对葡萄酒的了解越多，就越注意到大众、日常消费者和专家之间关于葡萄酒描述和评价以及餐酒搭配的观点的差异。就描述味道或餐酒搭配而言，他们似乎甚至来自不同星球。对于完全相同的葡萄酒或餐酒搭配，不同的人经常会持相反意见。当我决心就此进行更深入了解时，我面对的越来越多的证据表明，这些原则和真理可能不如想象的那么好。我对葡萄酒以及餐酒搭配的观点转变不时被各种顿悟所打断，它们更像是内心里的一声惊雷。

我如何成为葡萄酒专家

我在很小的时候就梦想成为葡萄酒专家。20 世纪 60 年代中期，当我还是少年时，我便注意到了葡萄酒，特别是来自法国勃艮第的红葡萄酒，它们是用黑皮诺葡萄酿造的。我尤其喜欢勃艮第沃尔内（Volnay）村的葡萄酒。这些是我父亲的最爱，因此也成了我的最爱。

作为法国国际美食协会（Chaine de Rotisseurs）和医师葡萄酒协会（Physicians Wine Guild）的成员，我父亲曾多次参与策划迈阿密的戴德县医学会的活动。他喜欢烹饪"美食家"级别的菜肴，这为我提供了了解餐饮和美酒仪式的早期环境。我传承了他对烹饪以及精致法国葡萄酒的热情。他让我品尝了许多不同的葡萄酒。我着迷了。几乎没有我不喜欢的葡萄酒。

他不仅爱好做饭，而且时常光顾 20 世纪 60 年代经典酒店的餐厅，例如枫丹白露（Fontainebleau），伊甸园（Eden Roc）。当时，谈及美食，必须是去法国餐厅。

在 1966 年我 14 岁生日那天，我们一家人去了迈阿密海滩的一家法国餐厅，在那里我们第一次吃了蜗牛。这件事一开始是我和我兄弟之间比胆量，但事实证明我们很享受。蜗牛端上来的时候配着新鲜的欧芹和柠檬汁，在蒜香黄油中吱吱作响，然后我用脆皮法式面把汤汁蘸得一滴不剩。我的美食冒险开了个好头。

我父亲点的开胃菜是羊肋排，我被菜的做法惊呆了。银盘子上蔬菜精美地陈列在羔羊肉周围，每根肋骨上都装点着花哨的纸冠。五颜六色的配菜中有绿色西兰花，修剪得大小一致的橙色小胡萝卜，完整的蘑菇和整齐排列的芦笋尖。这些都由"公爵夫人土豆"镶边，土豆泥通过裱花袋挤到烤架下面，直到被精心烘培成褐色。服务员将羊排在桌边片好，并将其和蔬菜一起装盘。我父亲点了一瓶他心爱的勃艮第沃尔内（Volnay），我们也获准喝上一杯。"哇哦，"我想，"这才是生活！"

到 15 岁时我正在学习烹饪并且阅读与法国葡萄酒产区历史和传统相关的书籍。当然，如果没有邂逅各类美食，您就无法真正读懂葡萄酒。我了解了历史上伟大美食家的事迹。Prosper Montagné，Auguste Escoffier，Antonin Carême 和 la Varenne 成为我心目中的烹饪英雄。对我来说，他们的名字比尤尼塔斯或尤吉·贝拉这样的体育英雄更有意义。是的，我是青年极客！15 岁生日的时候，我的愿望是有一个煎锅。当附近的其他孩子都在骑自行车或者玩橄榄球的时候，我却在厨房里制作格鲁耶尔干酪煎蛋卷。谢谢妈妈。

旧版美食百科全书《拉鲁斯美食大全》（*Larousse Gastronomique*）成为我的"圣经"。我的是 1961 年皇冠版，也就是这部伟大作品的第一个英文译本，而不是更现代和简化（但肯定更实用）的版本。我可以花上几个小时阅读并陶醉在书本中：关于奢华宴会的记录，烹饪界超级巨星的传记，以及在如今任何标准下都常常显得疯狂的隐晦食谱。我最喜欢的食谱之一是关于肉汁的，需要用到小牛（或菜牛的四分之一）、二十几只老母鸡、一对绵羊和一口大锅。大锅，不是开玩笑。书中提到的琐事和信息非常适合那些喜欢研究第二次世界大战前葡萄酒和食物的人。它不仅是很好的资源，而且很多信息真的很不错！

我的另一本启蒙书是美国人 Waverly Root 在 1958 年撰写的《法国美食》。根据各地区使用的主要油脂：橄榄油、黄油或猪油，该书将法国分为三个主要区域。这种巧妙手法揭示了气候和地形条件对物产的决定性影响，以及边界两边的区域如何分享用于定义菜肴的共同元素。在山区和气候寒冷的地方，猪油是唯一合理的选择，因为橄榄树不会生长，奶牛也不适应地形。橄榄树繁盛的地方，气候会更加温暖。葱、蒜和新鲜香草产出丰富，此外还有大米，甚至有类似来自温暖地中海水域的鱼类。北部有大量耕地和凉爽气候，因此盛产黄油和奶油。搭配橄榄油、大蒜和藏红花的地中海鱼汤，对比北方的黄油、奶油和土豆配料，您会很容易看到这些地区的悠久美食传统。这本书有助于我形成将产品和地域相联系的意识。

请给我一瓶精致勃艮第葡萄酒

对我来说，真正了解这件事情是在中学时代。我了解到，在一家酒类商店买法国葡萄酒时只要能说出其名字，他们从不会要求出示已满 21 岁的身份证明。

1969 年，我 17 岁，升入高中。我和 Rick Huckabee、Joe Weiss 一起骑着自行车前往南迈阿密附近第 87 大道和 7 月大道街角的 7-Eleven 商店。我们的任务是推销六瓶装的啤酒。那时您可以找到一包六瓶装的 Busch Bavarian 啤酒，售价约 79 美分。我们的策略是看能否找到一些可能同情我们困境的成年人，并要求他们选择六包装，然后给他们一张 5 美元的账单，并期待他们"不要找零"。我们的第一个"目标"过来了，他告诫我们，"你们这些孩子还小，不能喝酒"，然后丢下 5 美元就走了。

5 美元到手了，但还是不满足，直至拿到最后 5 美元，我穿过街道去了一家真正的烈酒和葡萄酒商店。我极尽老成地大步走向店员（尚显稚嫩）。"我想为晚餐配一瓶精致葡萄酒。"我说道。

店员放下报纸，吸了一口香烟，抬头疑惑地看着我。"那么，你想要什么呢？"他问道。

"一瓶精致勃艮第，哥顿（Corton）会很棒。"我说。我知道我爸喜欢哥顿，它是一种优质勃艮第红葡萄酒，并且它的读法符合我需要的双音节且相对容易发音的要求。

他走出自己的小隔间，来到一个整齐摆放葡萄酒的架子上，说道："都在这里，自己选吧。"

我选了看着不错的一瓶酒，花了 3.5 美元，并且很高兴听到"下次再来"的邀请，然后我提着棕色袋装的葡萄酒走出去。回到家后我仔细打量一番，我了解到这是 1964 年的哥顿特级园葡萄酒（Corton Grand Cru），由加布勒威歇赫酒庄（Jaboulet-Vercherre）生产。我再次出去赚钱，然后店员甚至邀请我回去，并感谢我在那里购物。那还用说。

我想，这太酷了！我的朋友们对此感到惊讶和折服。我们家里搞了个烧烤派对，烤架上有牛排，搭配上好的葡萄酒。哈克比决定在未从烤架取下牛排的情况下点燃将要熄灭的煤炭。火是旺起来了，但美味的纽约前腰牛排被吱吱作响的打火油搞砸了。我在跟我的女朋友约会呢，从此她再没跟我一起出去过。一定是葡萄酒不中意。

但我已经明白，如果我总是说"请给我来瓶上好的哥顿"，就证明不够自信。我的专业知识确实有限，我用法语读葡萄酒名称的能力仅限于双音节。我专注于勃艮第的红葡萄酒，勃艮第是我父亲最喜欢的产区。我们会买几瓶名称为双音节的勃艮第葡萄酒，在美食店买点儿东西，然后带着战利品前往海滩。

我们在弗吉尼亚岛的克兰登公园举办了有趣的烧烤晚宴。我们在棕榈树和澳大利亚松树下设置了海滨野餐桌，摆上桌布和银烛台。我们在荷兰焖锅里用大蒜和黄油炸蜗牛，然后在木炭上制作烤鸭。当我们宣布"是时候开启博若莱（Beaujolais）并让它自由呼吸"这样的事情时，其他的聚会成员会放下热狗和汉堡，抬头仰视。在我们周围吃汉堡和喝啤酒的人以为我们疯了，而我们自以为很酷。

这是我在中学时期的乐事。我获悉，如果自己可以做饭并提供葡萄酒，便可以获得约会机会。这种吸引异性的伎俩对我来说非常有效，问问我的妻子凯特就知道了。

Chateau Calon Segur 标签
"我被 Calon Segur 迷住了"

鉴赏家

大概在 1972 年，我发现有些酒被归为"糟糕"的葡萄酒。以我的纯真热情，我喜欢可以获取的每一款葡萄酒。每种葡萄酒都会给我启示，而我总是迫不及待地再到葡萄酒书籍上查看、了解我获得的葡萄酒。

我后来在迈阿密比斯坎湾的索内斯塔海滩酒店开始我的糕点学徒生活。我正在珊瑚阁区的奇迹 - 英里路上经过 Big Daddy 酒类专卖店，这时橱窗里的一篮子葡萄酒引起了我的注意。在明亮的橙色镂空标志上用记号笔手写的标牌是"Chateau Calon Segur，每瓶 3.88 美元"。

我听说过那款酒，并且认出了带有大心形轮廓的优雅标签。我进去买了仅剩的九瓶（有史以来最大的葡萄酒采购），然后将酒带回家。我在父亲的一本书中找到了该酒庄。事实上，除了 Calon Segur 之外，Comte de Segur 曾拥有伟大的 Chateaux Lafite Rothschild 和 Margaux 酒庄，但"他的心始终属于 Calon Segur"。太酷了。这解释了标签上心形轮廓的意义。我和不算世故的朋友一起打开了一瓶战利品，同时惊叹于这款酒的外观、气味和口感。哇哦，太不可思议了。我一直这样认为，直到我父母的朋友，一位律师和他妻子过来吃晚饭。他获誉葡萄酒鉴赏家。我和我兄弟所知道的有关他的一切都是浮夸的（我们称他为"Freddie the

Jerk"）。

当晚餐齐备时，我隆重地开瓶、转装并倒酒。律师朋友正襟危坐，左手握拳贴在桌上，右手捏着杯颈。他看起来很严肃，略显沉闷。他晃动葡萄酒，把鼻子凑近玻璃杯，深吸一口气。当他抬起头时，眉头紧皱，并且不赞成地摇摇头。"这么棒的庄园，却是如此糟糕的年份。真垃圾。他们怎能推出如此可怕的葡萄酒？"他指出。

我垂头丧气。什么？我喜欢这款酒！看那漂亮的淡橙色。它的气味如此浓烈，就像我妈穿好衣服外出时涂的指甲油的味道。后来我明白，那些并非您在这款酒中所寻找的东西。事实上，就波尔多产区而言，1968 年的整个年份被我现在的导师和英雄迈克尔·布罗德本特宣称为"残暴"。20 世纪 60 年代有五个可疑年份，即特定葡萄酒的葡萄种植年份：1960、1963、1965、1968 和 1969。许多优秀的葡萄酒庄园出产的葡萄酒品质都很低，以至于您很难在当今世界的任何地方找到如此不堪的葡萄酒。

我想搞清楚，到底是谁喝光了过去出产的非常糟糕（按当今标准评判）的葡萄酒？数十年来，不必说家常葡萄酒的小型生产商，即便是法国最顶级的酒庄，也酿造出了在当今任何标准下都不具备商业价值的葡萄酒。糟糕的酒应该搭配什么食物，糟糕的食物？"在此，请尝试这种用指甲油酱汁涂抹的陈旧发霉的食物，伴随着发酵过程中产生的辛辣丙酮味，它与被雨水和恶劣天气毁坏的葡萄是绝配。"也许用打火油浸泡的牛排将与其是完美搭配。明白了，"匹配吗"？嗯，听着很熟悉。（开个玩笑）

通过与律师朋友相处这件事，我懂得更多地关注葡萄酒的颜色、气味和口感。我学会了密切观察并倾听专家意见，以便弄清好与差的区别，以及描述不同类型葡萄酒的用语选择。通过学习过程中的去伪存真，我正式成为葡萄酒鉴赏家和专业人士。

我的第一份正式求职简历投给了皇冠酒厂（Crown Liquors）。他们正在为其位于迈阿密南部肯德尔的商店寻找一位销售人员。而我是那儿的常客，知道他们有很好的葡萄酒品种，而且有很多双音节名称的法国葡萄酒供我购买。我递交了申请，这时经理说我还不到喝酒的年龄。哎呀，那是个问题。

在我的两个哥哥（双胞胎，比我大 14 个月）21 岁生日那天，爸爸带我们去奢华的 Club Gigi 吃晚饭，并且在枫丹白露酒店（Fontainebleau Hotel）观看拉斯韦加斯风格的演出。我的哥哥乔恩之前且至今从未对葡萄酒表现出任何兴趣，他心血来潮决定生日那天做主点葡萄酒。在这之前，点葡萄酒一直是我、我父亲或乔恩的同胞兄弟 Chis 的荣誉。有阴谋。他告诉侍酒师，他想要一瓶精致的"Chateaubriand"，其实他知道这是一块牛肉而非葡萄酒。侍酒师点点头走开了，没人发笑。这时我父亲追上侍酒师，取消了与"Chateau Haut Brion"名称几乎相同的订单。Chateau Haut Brion 是一款非常昂贵且罕见的波尔多葡萄酒，1970 年每瓶售价超过 100 美元，轻松等价于现在的约 1 000 美元！

后来我决定成为一名厨师，于是我开始通过在酒店和餐馆工作来获取烹饪技能和经验。我做了 10 年的厨师。在专注于法国菜的同时，我也掌握了处理冷盘的技术，并且负责每晚制作一桌 50 多个品种的丹麦冷菜。接下来，我迁居亚特兰大，并尝试重新定义中餐馆。我学会了处理有三个炒锅的灶台，这确实是一大壮举。

我一路努力，最终成为一名行政总厨，同时我对葡萄酒的热情与好奇心也一直在增长。1979 年，我暂别厨房，入职佐治亚州亚特兰大的 Happy

Herman's，成为一名葡萄酒零售经理。那个名字真的让人联想到美酒，对吧？一如既往，我开始专注于世界各地的葡萄酒。作为一些世上最稀有和最难寻获的葡萄酒的销售商，我的生意做得有声有色。我就像俗语所说的糖果店里的孩子（喝酒赚钱），并且对于我的最大爱好葡萄酒有了更深入的了解。就葡萄酒偏好而言，作为法国铁粉，我对自己的经典餐酒搭配知识充满信心。我可以用区域理论和所有伪科学来说服别人，向他们解释为什么某些葡萄酒与某些食物最匹配。我变得如此擅长该领域，于是我成了国际公认的餐酒搭配专家。

我一直有种错觉，以为自己完全理解基于地区和传统的餐酒搭配原则。它有点儿像"牡蛎与夏布利有如此完美协调性的主要原因是该产区的石灰质土壤，而我们都知道这是巴黎盆地基莫里奇石灰石沉积，即来自白垩纪早期腕足动物和古老牡蛎海床的沉积物，它影响葡萄树种植，制造芳香矿物质并且影响夏布利的酸度，这表明了土地和葡萄树在塑造美食和谐方面的协同性"。

但是有些东西在"咬"我（比喻说法），而在内心深处，我也越来越觉得自身餐酒搭配的许多原则和前提都有问题。随着我在葡萄酒界声誉渐隆，我开始关注自身故事以及我教授他人的餐酒搭配"艺术"相关信息中的诸多矛盾。

诚然，巴黎的小酒馆为新鲜 Bélon 牡蛎搭配的是传统的清爽缪斯卡黛（Muscadet）干葡萄酒。这种特别的葡萄酒是时尚和便利的象征。以 Bélon 牡蛎为特色菜的餐厅或小酒馆会自豪地展示该地区的葡萄酒，其所有者和经营者很可能是法国缅因州的个人或家庭。但是，如果您发现传统的缪斯卡黛或其他葡萄酒可能过于干和酸，那么点一杯 Kir（干白葡萄酒和黑加仑利口酒的混合物）同样时尚，还可以享受加糖的葡萄酒，定会让您红光满面。

题外话：您了解法国缅因州吗？它的名字来自美国缅因州，因用奶油制作的鱼汤而闻名，这道菜使用了名为"chaudiére"的特殊炊具或汤锅，新英格兰著名的杂烩汤灵感是不是来自这里？

虽然缪斯卡黛和 Bélon 牡蛎的组合可能是有共同渊源的沿海地区的惯用搭配，但是如果您去过波尔多沿海地区的阿卡雄湾，便会发现对当地牡蛎和当地葡萄酒的同等热情，那里习惯用当地的红葡萄酒和少量咸羊肉肠来搭配牡蛎。如果您仔细阅读《拉鲁斯美食大全》，便会发现一张餐酒搭配图谱，附于 1961 年翻译的原始版本，其中建议非常甜的葡萄酒，甚至是滴金酒庄的甜白葡萄酒（Chateau d'Yquem），适合搭配开胃菜、鱼类和甲壳类！

颠覆我对餐酒搭配的所有认知

20 世纪 80 年代后期，美国的葡萄酒产业正在飞速发展，加州的纳帕谷更是将其推向巅峰。当贝灵哲葡萄酒庄园（Beringer Wine Estates）为我提供了一份通信总监的工作时，我从亚特兰大搬到了纳帕谷，仿佛置身天堂。

贝灵哲酒庄及其后来雀巢旗下的葡萄酒世界庄园（Wine World Estates）是国际葡萄酒界的明日之星，简直是无可挑剔。贝灵哲酒庄的哈德逊烹饪艺术学校（Hudson House Culinary Center）项目建设即将完工，这将成为我招待客人和开展教育计划的新平台。

不同于法国或意大利，葡萄酒并非我们文化的一部分。对于那些没有从小接触葡萄酒但是对此感兴趣的人来说，认知上存在巨大鸿沟。凭借在烹饪艺术领域的背景，对古典美食的独到理解，以及对法国和稀有葡萄酒根深蒂固的归属感，我被视作真正的"餐酒搭配大师"。

我的首要职责之一是为美国厨师学校提供葡萄酒和食品方面的培训，这是伴随着哈德逊烹饪艺术学校的开业而一同推出的核心项目。这是为期两周的计划，面向来自全国各地的小型厨师团队。烹饪老师和食品历史学家，魅力非凡的马德琳·卡曼是该项目的负责人。

我会迎接新来的团队，并且在第一天便让他们沉浸于葡萄酒和食物的神秘世界，用我的知识和能力令其折服。我深深着迷于传统的葡萄酒和餐酒搭配的智慧。1990 年，两个美国人成功通过考试并获得葡萄酒大师证书，我是其中之一，真是锦上添花（我的学徒生涯始于糕点师）。哎哟，现在我已成为认证的葡萄酒极客。

然而，当我在世界各地为许多观众示范我的餐酒搭配知识时，我遇到一个问题。那些见鬼的厨师，以及美国葡萄酒和食品领域的新兴及保守的专家，根本不肯合作。

我会先从葡萄酒开始。我会安排品尝，并问参与者："您觉得怎么样？"有些人喜欢，也有人讨厌。

接下来，我会展示自认为真正美味的餐酒搭配。参与者之间爆发争论是常有的事。分歧是如此强烈，似乎他们并未品尝相同的东西。一些参与者对此赞不绝口，而其他人会皱眉头并且耸肩以示反对。从他们的自身角度来看，结论是相反的。

"哎，这些人到底有什么问题？"我自问道。作为专家，我会向反对者解释组合的正确性，同时恳请每个人再次尝试这种组合。相同的结果，大家意见仍不一致。

接下来我会阐述这种组合是"良好"搭配的理由，同时阐述葡萄酒和食物之间成分、传统、地域联系以及口味描述性、相似性的复杂关系。这一次，有些人说它很神奇，而其他人认为这太可怕了。

对话开始变得个人化："您怎么了？这个组合很棒！"

"不，"有些人说，"恰恰相反，这有点儿痛苦和可怕。"不可避免地，许多品尝和用餐活动陷入争论，就像在客厅牌桌上打架的坏孩子一样，母亲不得不将那些无法与成人共桌的麻烦制造者分开。这就是人们在谈论"文明"饮料葡萄酒时的想法吗？它还是家庭、朋友圈和社区的和谐源泉吗？我不这么想。

在贝灵哲酒庄，我共事于核心厨师团队，以及成为我导师的各类感官科学家。我们都在不断质疑餐酒搭配的核心原则，同时也经历了一次又一次的顿悟。

我们会尊重葡萄酒和食品界的惯例，同时对它们进行测试。经过一次又一次的探索，我们发现，对某个规则来说，不存在经验或历史基础。在其中一次研讨中，我们发现，酸性白葡萄酒收汁的肥美炖牛肉与贝灵哲的私藏赤霞珠搭配，相比用同样赤霞珠收汁的相同菜肴要令人愉悦得多。有一次，当我们几乎要同时拍打自己的额头时，大家不禁捧腹大笑。因此，扁平头出现了。（一直有很多令人拍打额头的事情，至今仍有增无减。）

20 世纪 90 年代初，我加入名为"The Wine Brats"的组织。该组织的宗旨在于改变古板的品酒模式，摆脱葡萄酒词典，让葡萄酒更有趣，同时更吸引年轻消费者。然而没过多久，组织者就意识到某种不健康的趋势正在发展：新一代的葡萄酒极客和书呆子正在涌现，他们像极了前几代的极客和书呆子，只是更多相同的陈词滥调。

于是，我们决定打造"葡萄酒极客康复（Wine Geek Rehab）"计划。在活动（或者称葡萄酒狂欢）中，我们有一张桌子被视作葡萄酒极客康复（Wine Geek Recovery）站。与会者收到了小册子，上面列出了成为极客的早期警戒信号：用某种怪异且难以理解的语言说话，喝酒时啜饮并吸入空气，显示出优越态度——您知道的极客的经典标志。如果有人观察到朋友陷入葡萄酒极客的深渊无法自拔，便会收到将其朋友带到康复站的指示。我们有一个康复步骤表，开始是这样的：

○首先，你必须认识到人外有人。
○第二是你不要自视甚高！

别误解，我喜欢自己作为极客的日子。我沉醉于品尝新葡萄酒、稀有年份酒和美妙晚餐。我曾经并且仍然热爱沉浸于葡萄酒的历史、传统和科学中。当我开始往返于不同的葡萄酒产区时，自己就像迪士尼乐园的孩子一样兴奋。但我想要更多。我想到达自认为的顶峰——成为葡萄酒大师。

1989 年，我申请加入葡萄酒大师协会，想要看看自己是否符合参加考试资格，能否获得葡萄酒大师的证书。我按要求提交了一篇文章（《酿酒，科学或艺术？》），参加盲品测试，并获准作为国际候选人"坐着"考试。1989 年 5 月，我前往伦敦参加考试。说我考试失利那是轻描淡写。那一年有几个美国人参考，而我们都没有成功。时任协会主席、葡萄酒大师戴维·史蒂文斯过去常常吐槽我的论文非常糟糕，以至于他用手拿着笔尝试做出公正的表述："亲爱的汉尼先生，请在再次考试前冷静一段时间……很长时间。"

戴维从未写过或寄过通知书。我回到纳帕谷，确信我具备通过考试的知识，同时需要一些帮助以学会更加专注和连贯地写作。于是我决定报名参加写作课。

"您所关注的课程于上周在圣何塞开班"

我报名参加了面向电子工程师的课程。由于报名参加了错误的写作研讨班，我对葡萄酒、餐酒搭配以及葡萄酒消费者个人偏好的观点也发生了根本性的转变。

再次参加葡萄酒大师考试前，我明白自己需要些帮助来撰写连贯的论文。我报名参加了为期三天的写作研讨班。然而，当我前往登记时，被告知："您所关注的课程于上周在圣何塞开班。本研讨会旨在帮助电子工程师学会在技术层面更清晰地交流，同时通过销售和营销更好地进行沟通。"

哎呀。好吧，我已经在酒店办理了三天的入住手续——搞什么鬼。然而这三天却改变了我的生活，因为，如果我没有选择留下，我可能永远不会通过葡萄酒大师考试。

我是班上除了 80 名工程师外唯一的"葡萄酒人"。不过，这也意味着我在许多需要两个或更多人的练习中成了非常受欢迎的合作伙伴。这些练习通常像这样开头："列出您工作中经常使用的 10 个基本技术性单词，然后在另一张纸上写下您对这些词语的定义。与您的合作伙伴交换单词列表，并且为相同的单词写下自己的定义。然后将合作伙伴的定义与您自己的定义进行比较。"

我的合作伙伴的列表上包括启发式、模拟、光电学和与非门等单词。咦？我的葡萄酒技术术语列表似乎简单明了：口感、风味、气味、芳香、身体、匹配、配对、干性、重量和复杂度，所有单词都来自我每天关于葡萄酒和餐酒搭配的对话。事实证明，这些单词对于我的合作伙伴来说是陌生的，因为启发式和光电学这些词对我来说也是如此。

通过这次练习，我清楚地意识到，尽管我是世界级的葡萄酒痴迷者，但我所使用的定义肯定不属于非葡萄酒使用者的词汇表。并且我不得不承认，我所采用的，甚至是在课堂上传授给他人的许多定义，要么完全含混不清，要么甚至是胡说八道。

在本次研讨会上我的另一个非常重要的学习心得是，利用"批判性思维的艺术"找出问题并给出新的、更好的解决方案。例如，如果两位工程师对如何解决问题或创新产品有不同观点，批判性思维可以用来解决他们之间的冲突。在生产和营销中，如果需要重新考虑产品功能以做出最适合终端用户的最明智决策，也可以使用批判性思维。计算机鼠标就是很好的例子：识别问题（复杂协议和计算机语言），并找到更好的解决方案，以提高易用性并增加潜在销量（鼠标和光标）。

批判性思维的第一步是明确冲突或问题。要考虑不同观点，同时收集并分析支持每个观点的相关证据。遇到无法证实的内容后，在重新解决问题前，可以寻找其他有效见解，进而查看是否可以借此找到解决方案。将其应用于我的葡萄酒研究终将使本书的推出顺理成章。与此同时，我的生活中也发生了其他事情。

妈妈，遇见我的新男友

在贝灵哲，我们一群人组建了一支车库乐队，并且为派对和葡萄酒活动助兴。我对"66 号公路"的歌词进行了葡萄酒风格的改编。其中，"在66 号公路上找乐子"改成了"在 29 号高速上取你的酒"。我的"共犯"鲍勃·詹尼斯为"Silverado"（纳帕谷与 29 号高速平行的公路）添加了"亡命之徒"的曲调。

为了录制我们为贝灵哲销售会议制作的一些歌曲,我们请到了鲍勃·福利,他是一位杰出酿酒师和同样杰出的吉他手,录音艺术家和全能音乐家。鲍勃说他知道有位非常优秀的女歌手正在寻找乐队。经过一次合练,我们一致认为她很有天赋(坦白说,配我的吉他演奏绰绰有余),并且应该加入我们的乐队。

她叫凯特,而我们很快就坠入爱河。她现在是凯特·汉尼夫人。我追了她几年,手段包括精致烹饪、葡萄园里的热水浴以及许多葡萄酒。我带她到世界各地体验异域风情,还能参加葡萄酒和美食的活动也没什么不好的。

时间回到 1991 年秋天,我和我的新女友凯特到加利福尼亚州尤里卡,与她母亲和继父一起过感恩节。这是"见父母"的必然之旅。凯特非常紧张,因为我是一位知名葡萄酒专家,而她的母亲乔安妮是白仙粉黛的推崇者。我告诉她:"我没问题,人们可以有各种个人偏好。"此外,在贝灵哲工作,我可以免费获得所有想要的白仙粉黛。但凯特仍然担心。

当我们出现在乔安妮家门口时,我一手提着一条羊腿,一箱白仙粉黛夹在我的另一只手臂下。乔安妮出来迎接我们,她从凯特身边走过,伸出双臂拥抱我:"欢迎来我们家。让我带你到厨房看看。"乔安妮拉着我进屋,而凯特被晾在一边看行李。

我在周末认识了乔安妮,而且她不符合葡萄酒行业对于未受教育、不世故和不成熟的白仙粉黛饮用者的刻板印象。她有经济学博士学位,参加全国各地的业余高尔夫项目,并以相对富足的财富舒适地退休。我们的假日餐很丰盛，每个人可以自行选择白仙粉黛或豪厄尔山梅洛（Howell Mountain Merlot）。乔安妮品尝梅洛时，我可以看到她因不适而皱起眉头。"嘿，什么问题，"我想，"都给我！"整个周末，我开始真正明白，葡萄酒鉴赏家通过自身可能喜欢的葡萄酒风格来评判葡萄酒消费者的方式是大错特错的。

究竟发生了什么？乔安妮当然不是新手，也绝非不成熟、未受教育或菜鸟葡萄酒消费者。等一下！或许关于白仙粉黛饮用者的陈词滥调和刻板印象是一大误会？在此拍一下自己的额头。

为了完成这个故事，我向凯特提议去趟伦敦。她同意了。

等一下，这个组合真糟糕！

稍稍缓过劲儿后不久，在与我的爱好白仙粉黛的岳母乔安妮见面后的某天，我回到贝灵哲举办餐酒搭配研讨会。其间发生了一件非常奇怪的事情。我准备好了一道菜来展示某种无可置疑的葡萄酒和食物组合：野生蘑菇炖羊羔肉，以及一种味道醇厚的贝灵哲私藏白仙粉黛，必定是完美搭配。我尝了一口菜，并喝了一口酒。太可怕了。葡萄酒变得苦涩，味道淡，没有任何我所说的组合应该提供的特质。等一下，我想，这种葡萄酒和食物的组合太糟糕！

后来我释然了，大家可能正在吃相同的食物，饮用相同的葡萄酒，然而却拥有完全不同的感官体验。我的意思是，每个人都有自己的观点和经验，但这次经历尤其让我印象深刻。

他们为什么不该如此呢？我们都喜欢不同的食物。一些人喜欢甜食，而对其他人而言，糖也许可有可无。有些人喜欢很辛辣的食物，而其他人受不了一丝辛辣。有些人喜欢吃香菜，而对其他人来说，它的味道像肥皂。有些人把咖啡调得又浓又黑，而其他人需要加奶和糖才能入口。并且，有些人甚至在尝试一道菜前就拿起盐罐，而其他人则会抱怨这道菜太咸了。

为什么葡萄酒的待遇如此迥异？为了回答这个问题，从俄亥俄州到中国，从得克萨斯到土耳其，我开启了一次走遍全国和世界的旅行。我进行了科学研究，试图了解个人偏好的生理学意义。我和那些酿酒、卖酒，最重要的是和购买并试图享受葡萄酒的人交谈。

自此，我贪得无厌的好奇心和研究欲在过去 20 年里一直占据我的大部分时间。我花了大量时间批判性地反思我所认为的神圣且看似无可置疑的传统智慧，同时采取折中的方法来看问题，这实际上加深了我对葡萄酒的认知、热爱和激情。您可能会说我绕了一大圈又回到了起点。

日常消费者和葡萄酒专家之间的差异

对于那些对葡萄酒更感兴趣、更有雄心、更有感情的普通人或专业人士，他们的大脑认知完全被颠覆。

这属于认知心理学的范畴，根据 Merriam—Webster 医学词典，"作为心理学的一个分支，认知心理学关注心理过程（如感知、思考、学习和记忆），特别是产生于感官刺激和行为公开表达之间的内部事件——比较行为主义。"

在此过程中，大脑通过经验、观察和学习将感知与不同的价值观或意义基准相联系。简而言之，我们的大脑受到影响，并且我们的行为会随着我们变得更专业而有所变化。

例如，消费者和专业人士在葡萄酒学习中习以为常的一件事即如何发觉并识别各种葡萄酒缺陷。您可能会遇到有缺陷的葡萄酒，甚至是拥有与瑕疵相关之感官特征的特定化合物。这将永远改变您的葡萄酒评估模式。

似乎要考虑的是，许多最高级别的专家不再寻找葡萄酒中令人兴奋或愉悦的元素，他们逐渐乐于找出他们所评估的每款葡萄酒的缺陷，而非优点。这就是入门者可以追求的最高级别的葡萄酒极客！

第三章 您的酒型人格是什么？

寻找最适合您的葡萄酒

根据一个人的葡萄酒偏好，您可以给出多重解读。他们的感官敏感性怎么样，他们最喜欢什么口味，他们对葡萄酒的态度有多么认真，甚至是他们曾经去过什么葡萄酒产区。

酒型人格（vinotype）的由来及定义

表现型（phenotype）：基因与环境相互作用所产生的个体的可观察特征集。

酒型人格（vinotype）：由基因敏感度和环境相互作用在葡萄酒环境中对个体表现产生的可观察的影响。

感官敏感度：个体感知的强度和范围。

葡萄酒流派：基于葡萄酒教育、信心、专长和愿望达成一致意见的人群。

个人葡萄酒偏好：对葡萄酒类型和风格、音乐、食物或艺术表达的喜欢和不喜欢的态度。

试想一下，以人们购买葡萄酒的方式购买一双鞋：

鞋类专家：嗨！欢迎光临本店。我们有来自世界各地，适合各种场合的所有鞋款和设计。我将成为您的购物顾问。我向您保证我能胜任这项任务，因为我是鞋类专家。这意味着我可以蒙上眼睛，只是通过嗅觉和触觉说出它的款式、产地、材质，甚至是鞋匠的名字！

顾客：我需要一些明智的选择，这样我可以穿着上班或去休闲场合——不要太贵。我有点喜欢意大利鞋。

鞋类专家：这儿有一双鞋完全符合您的需求。这是我们刚推出的一款新鞋，专家们曾经试了很多不同的鞋子，而这双鞋获得了 99 分，并且在米兰国际鞋类比赛中获得了最佳展示奖。试试看。

顾客：但它是 11 码，而我的脚是 8 码。

鞋类专家：显然您的脚还不成熟。有见识的穿鞋者会立刻看出来这是一双很棒的鞋子。也许您应该接受更多鞋类知识教育？我们有课程。您知道鞋后跟的历史以及历来用来制造它们的各类材料吗？

顾客：不，我只是想要一双舒适的鞋子。

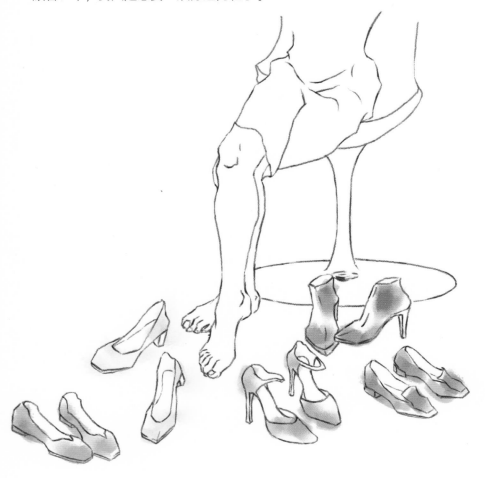

鞋类专家：很抱歉，但我们认为这是最好的鞋子。当您的脚变得更加成熟时，您将学会辨别质量……

在我深入探讨感官和感官敏感度的生理学意义之前，还有另外一部分关于鞋子类比的内容。至于其与葡萄酒的联系，您可能会，也可能不觉得它是舒适或合适的。

您曾经买过或者不得不穿上不合脚的鞋子吗？大多数人都有类似的经历。人们甚至会购买不合脚的鞋子，并妄想"穿久了会变大的"。这符合我们对集体妄想的定义。以下是其他可能驱使我们购买不舒服鞋子的妄想：

○它们会让你看起来更苗条。
○我的妻子说："亲爱的，你穿那些鞋子真性感，你回家的时候，我想和你亲热。"（我的妄想，谢谢）
○这是最后一双（稀缺性是强大的影响因子）。
○我需要它们，因为可以用于特殊场合，而且不会磨损太多。它们很好。

如果我稍作打扮，并且穿着自己想要穿的鞋走出家门，这时我的妻子凯特会嗤之以鼻地问："你不会穿那些鞋的，对吗？"不，我不会穿，只是看看我能走多远。没多久后，我就会换上漂亮、生硬、不舒服的鞋子，然后便觉得"好多了"。

我们出发吧。我正享受好时光呢。一位有魅力的年轻葡萄酒迷和我交谈，并且告诉我见到葡萄酒大师是多么美妙的事情。我正玩得尽兴，尽我所能地显得幽默，并且维持融洽气氛。顺便说一下，我没有注意到自己的脚，疼痛是不存在的。直到我看到凯特以"那种"表情（当她看到我和别的女人打情骂俏时的表情）向我走来。

突然，我再次注意到我的脚有点儿疼。我嘟囔着，大意是说："跟您说话真愉快，我想坐一会儿，因为我的鞋真的很不舒服。"我的注意力已经发生转移，现在注意到了自己的脚。

品尝葡萄酒时的注意力和外界干扰也会影响我们的感知。环境、焦点和注意力极大地改变了我们的感官意识，这也是专业人士品酒与正常人饮酒的实际情况相背离的另一个原因。这是一种称为酒型人格可塑性的适应现象——葡萄酒饮用者在特定环境中的适应能力和程度。我们一直都在不断地适应。

遇见医学博士维吉尼亚 · 尤特莫伦

遇到康奈尔大学医学博士维吉尼亚·尤特莫伦前，我已经研究食物和葡萄酒偏好的奥秘近 10 年。我越发明白，自己必须走出传统葡萄酒认知的局限性，以探索口味偏好的问题。2006 年 1 月，当我看到尤特莫伦博士撰写的一篇将餐厅专业人员的角色与一组感官敏感度标记物相关联的研究文章时，我正浏览互联网以获取与感官敏感度相关的信息。

她写道："全国餐馆协会展为我们提供了探索食品行业从业者口味敏感度的机会。我们发现，相比餐馆经理和其他大多数人，厨师和食物准备者对薄荷'凉爽性'的平均反应要强烈得多。总的来说，我们发现不同口味敏感度的人往往会以不同的方式做决定，甚至涉及与味道或食物无关的问题时亦是如此。"

我为此着迷。似乎我们对感官敏感度、偏好甚至行为之间相互关系的思考有共同之处。在康奈尔大学网站上查阅她的简介后，我确信自己必须联系她。

作为一名经过官方认证的儿科医生，她因工作和教学成果而获奖无数。她任职于康奈尔大学营养科学部，专注于研究味觉和嗅觉敏感度与个性、食物选择、饮食态度、行为甚至职业选择之间的关系。

我给她打了电话，我们交谈了很长时间。顺便指出，维吉尼亚很快就会成为喜欢精致甜葡萄酒的酒型人格的代表：她发现大多数干葡萄酒都有令人无法忍受的刺激和苦涩。对她来说，酒精含量超过 12% 的酒是辛辣和令人不悦的。高学历、干练且对食物和葡萄酒感兴趣，她是我见过的许多男女中的另类，其完全颠覆了我们对甜酒饮用者的一般印象。

我们开始联络，然后合作进行一项关于葡萄酒消费者偏好、行为和态度的调查研究，研究成果在 2010 年初秋发表，想要获取完整报告，请访问 www.timhanni.com。与维吉尼亚的合作增加了无可挑剔的权威性、新维度和新认知，并获得更强的工作能力。

我们的研究是联合洛迪消费者葡萄酒大奖（Lodi's Consumer Wine Awards）一起完成的，它为我们提供了深刻见解，表现在对感官敏感度的研究不仅考虑了葡萄酒偏好，还包括葡萄酒的选择、葡萄酒的消费频率以及替代饮料的选择。

随着我对决定个体味觉敏感性的遗传变量，以及葡萄酒偏好随时间推移发生的变化了解越多，结论很快变得明了："我们的口味不知不觉地越来越成熟"的普遍观念与环境相互作用有关，例如：不同文化和社会环境中的观察和学习。它与我们的"味觉"本身不相干。

以下是与感官敏感度相关的诸多条件。有趣的是，这些条件通常与情绪或环境相关。

嗅觉过敏：强化的嗅觉敏感性。

味觉过敏：一般性食物敏感或极度敏感。

畏光：光敏感。

听觉过敏：对音量或某些特定声音过敏，如割草机、收音机／电视机、吹叶机、家用电器等。

季节性情感障碍：与黑暗或阴天相关的情绪波动，更悲伤或更快乐。

疼痛阈值：有时与情绪有关的感知疼痛的程度。

触觉防御：接触敏感度（衣服标签，内衣或袜子的接缝）。

前庭（运动）过敏：晕车或晕船等。

联觉：一种无意识的神经系统疾病，表现为"闻到"颜色或声音，或者看到有颜色的数字。

"根据对联觉者的关于如何在孩提时代发现联觉症状的专访，联觉者经常声称不知道自身的异常经历，直到他们意识到其他人没有类似经历，而其他人则声称感觉自己好像一直在保守秘密。"（资料来源：维基百科）

在探索构成我们个人偏好的生理和心理因素的组合时，我不得不借助与遗传有关的手段，为此我发现了"表型"这个词。"酒型人格"这个想法就在此时击中了我：葡萄酒饮用者的遗传特征，以及他们在不同环境中如何适应和改变。这就解释了很多问题。

我们联合发表了一篇论文，旨在探讨"为什么生理学很重要"。问题的答案是直截了当的：我们的感官生理学决定了我们对不同味道和风味的敏感度。

根据可靠评估，个体舌头中的味蕾总数从 500 到 11 000 不等。很容易理解，味蕾较多的人会获得比味蕾较少的人更强烈的味道信息，通常情况就是如此。需要注意的是，更多味蕾不等于"出众味觉"或更好的葡萄酒品尝能力，这一点很重要。这确实意味着，拥有不同感官生理学特征的人可能会有不同的感知方式。研究结果清楚表明，许多人可以感知其他人根本无法感知的各类化合物。

简而言之：有些人相比其他人有更多味蕾，而有些人从葡萄酒中获得相比其他人更强烈的信息，例如酸度或酒精度。

通过发现不同的人如何应对感官刺激，我们的研究范围远远超出了葡萄酒偏好。正如您将看到的，从强制去除衣服标签到拥有线性或非线性的思维方式，各种行为都与确定酒型人格的因素相关。关于恒温器或电视机设置的争论，挑食，甚至内衣偏好可能都与您的酒型人格有关。

基本评估涵盖各种问题，以帮助我们确定您的生理界限：您的感官敏感度和耐受性。接下来是您所属类型，它表示您审视葡萄酒时最看重的元素。最后只需确定您喜欢的葡萄酒种类，无论是甜美的桃红葡萄酒还是浓郁的红葡萄酒，抑或介于两者之间的任何特质。

最终结果就是您的酒型人格，即构成您个人葡萄酒偏好的敏感性和价值观的独特组合。您的酒型人格有助于您发现具有类似倾向的人，而葡萄酒专家和服务专员亦可以此来明确如何为您提供明智、个性化的葡萄酒推荐。

理解酒型人格的最简单方法是先找出自己特有的。以下评估将助您确定自己的酒型人格，同时评估您生活中的其他人及其酒型人格。

简要的酒型人格敏感性自我评估

我反感过度简化和一般化，同时发现很多人对这些低劣的"自我评估"练习有同感，不过请记住，这只是第一步：就决定您真正的葡萄酒激情和偏好而言，认知心理学起着至关重要的作用。该评估主要关注您的感官敏感度系数。

如果您愿意，可以试一试，也可以访问 www.myVinotype.com 以获取在线版本。同时不要忘记，这只代表您所属酒型人格的感官敏感度。

其他重要注意事项：您的答案将揭示您的直觉反应以及您可能不时做出的调整，例如您放多少盐、您对人造甜味剂的态度等。请尝试根据您的直觉喜好来回答问题，而不是从哲学、精神等思想层面或者成分及问题的健康内涵进行考量。

1. 性别

    0 男

    3 女

2. 咸味零食，例如坚果、椒盐饼干、薯片

    0 我发现大多数小吃都太咸了。

    1 是的，我喜欢咸味零食。

    3 很棒！我沉迷于咸味零食。

3. 盐偏好（尝试根据您的口味偏好而非健康因素来回答）

    0 我发现很多食物太咸了。

    1 食物通常口味适中，并且／或者我在烹饪时会加入适量的盐。

    1 出于健康原因，我尽量避免用盐。（不过如果您真的想添加更多，请注意用量！）

2 我通常会在食物中额外加盐，或者想要但是由于健康原因而不会这么做。

3 人们会因为添加过多盐而跟我过不去。

4. 咖啡还是茶

描述一杯完美的咖啡或茶：

0 我喜欢重口味（浓缩咖啡或红茶：英式早餐茶）。

1 我喜欢香浓的（星巴克、皮式咖啡或伯爵茶）。

2 我喜欢口味适中的（工作时喝的淡咖啡、绿茶或花草茶）。

3 咖啡味道太可怕，我无法忍受。

5. 咖啡加糖

0 我喝无糖咖啡／茶。

1 一点点儿。

2 一茶匙或等量。

3 两茶匙或更多。

6. 无糖汽水中的人造甜味剂味道如何？（尝试根据您的口味偏好而非健康因素来回答）

0 味道没问题（无论您是否选择使用）。

1 不知道——我从未尝试过无糖汽水。

1 味道古怪，但不是太差。

2 我可以说出很大不同，但是已经适应了，或者有些比其他更好。

3 呸！味道太可怕。

7. 奶油／牛奶

0 我喝咖啡不加奶。

1 加点奶油或牛奶。

2 适量奶油或牛奶。

3 大量奶油或牛奶。

8.您喜欢用牛奶泡或者杏仁、香草、爱尔兰奶油等调味品来制作咖啡吗？

    0 不!

    1 卡布奇诺、拿铁或牛奶咖啡，但是不加调味料。

    2 有时候。

    3 是的。

9. 附加题：您偶尔直接喝苏格兰威士忌、干邑白兰地或阿马尼亚克白兰地吗？

    −3 是的!

    0 有时候。

    1 从不。

现在将您的得分加起来就是您的敏感度系数（SQ）。得分将决定您属于四个口味敏感组中的哪一组。从最敏感到最不敏感，分组如下：甜美、超敏感、敏感或宽容。在普通群体中，约 30% 的人属于甜美型，25% 属于超敏型，25% 属于敏感型，20% 属于宽容型。请记住，您对葡萄酒越有经验和自信，就越可能在生活和学习的个人经历中产生强烈的葡萄酒偏好。

○口味 SQ 得分 15 ～ 25：甜美型

○口味 SQ 得分 15 ～ 25：超敏感型（如果您更喜欢 DRY 葡萄酒，这是您和甜美型之间的主要区别）

○口味 SQ 得分 5 ～ 15：敏感型

○口味 SQ 得分 -3 ～ 7：宽容型

请继续往下看，您会了解这对您意味着什么。同时不要忘了对答案持保留态度。

1. 为什么是咖啡问题？

对大多数人而言，咖啡是一种后天养成的爱好。有些人，尤其是最敏感的一类，很排斥苦涩，他们永远无法摆脱自身的自然回避倾向。其他人发现，只要通过添加奶油和糖进行抑制，就可以解决苦味问题。

还有像我这样的人，成长于大男子气概的环境，喝黑咖啡几乎是必须的，就像 20 世纪 70 年代的专业厨房一样。即便如今，在我为烹饪专业人士举办口味平衡研讨会时，当我问起"谁喝黑咖啡"时，大部分人都会举手。相比消费者，这个比例偏高。同时请记住，由于专业语言和快速变化的咖啡文化，咖啡正变得与葡萄酒相似。当然也会有咖啡极客。

2. 为什么是盐的问题？

对盐偏好的无知的误解会导致一错再错：对超量盐的渴望或需要是味觉敏感度更高而非更低的一种标志。盐和负面健康影响的关联令人很难直接回答是否只是喜欢盐的味道。事实上，如果您满足了甜美型或超敏感型的所有特征，并且不使用盐或不喜欢盐的味道，您可能会发现自己在受制于特殊医学症状的家庭中长大：爸爸、妈妈、奶奶或爷爷患有心脏病或高血压，并且许多人下意识地将咸味与此相关联。或者您自己可能也有相关医学症状，并且已经"处理了您对盐的味觉"（记住这与"获得味觉"相反）。

数世纪以来，人们都知道盐的苦涩抑制特性。并且研究表明，由于感官超敏感以及可能经历的抑制苦味的需要，您可能喜欢盐。

3. 为什么人造甜味剂或无糖汽水的味道对某些人来说如此不同？

用作人造甜味剂的不同化合物引发了人们迥异的感知。通常可以相对容易放弃甜食的宽容型品尝者，在大多数情况下经常认为人造甜味剂是好的替代品。也许他们有点儿不同发现，但人们在抱怨什么？有些人可以适应某一类型，仅此而已。而有些人却不能忍受任何一种，并且描述令人反感的化学和金属味道。有些人会因为自身对概念的厌恶而非实际感知而说"它们很恶心"。最后，我不时地听到"我不知道，也从未尝试"。

简单的酒型人格敏感性评估结果：

1. 酒型人格之甜美型

甜美型人群在生理上是最敏感的。如果您符合这一要求，您可能对光、声、触觉、嗅觉和味觉非常敏感。恒温器很少是正常的（太冷），您可能经常被衣服上的标签所激怒，拜托把电视声音调小点儿！对于甜美型人群来说，挑选合适的床单和枕套是一件大事情，必须松软恰当并且感觉恰到好处！

甜美型人群是高度敏感型品尝者，他们需要甜味来掩盖苦味和酒精：更高的酒精含量不仅会增加他们的烧灼感，而且还会增加苦味感知。他们喜欢低酒精度且无可挑剔的芳香型甜葡萄酒。不是微甜，是相当甜美。并且他们想用最爱的食物搭配甜葡萄酒，包括牛排或其他任何东西。

他们的甜味偏好延伸至其他苦味饮料：如果他们喝咖啡的话，会添加大量的奶油和糖。如果您拿走奶油和糖，他们就会拒绝喝咖啡。正如我们的研究所揭示的，在干葡萄酒成为礼仪必需时，他们会停止喝葡萄酒。

他们往往在食物中放入大量的盐，也为了掩盖苦味。他们倾向于不喜欢更多食物以及保守的葡萄酒选择，坚持自己所了解的。甜葡萄酒的风尚可能来去匆匆，但甜葡萄酒消费者仍然会坚守。

根据我们的调查，21％的女性和7％的男性属于这一类型。

可以自我检查的有趣事实：如果您属于甜美型，您的母亲很可能有孕吐或严重胃灼热。

2. 酒型人格之超敏感型

超敏感型人群占据我们研究中的最大比例：36％的男性，38％的女性。像甜美型一样，超敏感型生活在生动而强烈的由味觉、嗅觉、光线、触觉和声音构成的感官世界中，而生活在这种感官超敏感的环境中是一大挑战。超敏感型通常是艺术型的，并且可能有注意力缺陷障碍。超敏感型喜欢香水，并且陶醉于芳香的回忆中。

如果您是超敏感型，您会避免强烈的味道，并且在生理上倾向于在葡萄酒中发现更多烈度和复杂性，而不那么敏感的品尝者，尤其是宽容型人群则会认为"太轻"和"微弱"。对您来说，高酒精度会带来灼烧感，苦味也令人非常不悦，这也解释了超敏感型和宽容型葡萄酒评论家之间关于许多类型葡萄酒的酒精度和烈度的迥异观点。

超敏感型喜欢他们从灰皮诺中体验出的味道，并且非常欣赏传统"干"葡萄酒中微甜的趋势，例如霞多丽、长相思甚至红葡萄酒。他们也倾向于喜欢残糖量在1.2％～2.5％之间的雷司令，以及淡雅芳香型红葡萄酒，这些红葡萄酒酒精度低，并且没有还原性或其他香气，对于不太敏感的品尝者而言，这些构成了"复杂"的葡萄酒。超敏感型酒型人格意味着非常容易接受玫瑰葡萄酒，但是使玫瑰葡萄酒更加"庄重"（还原性香气、橡木老化等）的倾向使这些葡萄酒不那么令人愉悦。红葡萄酒的酿造必须无可挑剔，烈度和酒精含量更低，酚类（葡萄酒中的溶解性固体，与颜色和苦味相关）和酸度必须小心保持微妙的平衡。

甜美型和超敏感型的最大区别在于，超敏感型往往意味着在日常生活中更喜欢干性或半干性葡萄酒。他们最喜欢的葡萄酒往往更加细腻，非常柔滑，同时酒精含量也更低。他们甚至可能喜欢浓烈的红葡萄酒，但需要杜绝大量的橡木味或浓重的单宁。超敏感型意味着更可能"探讨干性葡萄酒，喝甜葡萄酒"，并且寻找那些含有少量残糖的葡萄酒。对他们而言，柔滑是葡萄酒的关键属性。

3. 酒型人格之敏感型

敏感型人群的口味偏好也时常波动。也许他们喜欢加奶油或糖的咖啡，不过如果情境适当，他们也会享用黑咖啡。这种类型的人对尝试新事物持开放态度，多样性是他们生活的调味剂。如果您的酒型人格属敏感型，那么您经常是家庭、婚姻或商业纠纷的调解人。您是团队合作者，每个团队都期待您的加入。就食物和葡萄酒的选择而言，您往往更具冒险精神。由于被各种各样的东西所吸引，决断力不是您的强项。我今天该喝什么咖啡？什么酒？您倾向于掌控全局。

敏感型人群约占我们调查中受访者的四分之一。到目前为止，他们是最顺从的一类，因为他们倾向于享受各种口味。他们会中意更精致的葡萄酒，不过即使不能充分享受，他们也能容忍宽容型人群喜欢的高烈度葡萄酒。

很可能在一开始"提升"到品鉴优质葡萄酒时，他们确实会被 100 分评级系统的简单性，以及比较葡萄酒价值的"越多越好"的模式所吸引，不过随着时间的推移，只会厌烦高烈度、单宁和酒精。随着自信的不断增强，他们将寻求自认为更平衡（相对于他们的平衡标准）以及更少过度吹嘘和言过其实的葡萄酒。

敏感型人群最具冒险精神，他们乐于接受从精致到强劲的各种风味和葡萄酒类型，喜欢各类干白葡萄酒和红葡萄酒，甚至许多玫瑰葡萄酒和起泡葡萄酒。他们对苦味和单宁有更多限制：通常不会寻找橡木桶里的怪异葡萄酒，除非是具有真正无可挑剔的平衡柔滑口感。对于这一类人群，"综合性"这个词通常是很重要的葡萄酒描述。

4. 酒型人格之宽容型

宽容型意味着不理解更敏感者的大惊小怪——那些懦夫！将恒温器调冷，将电视音量调高！

如果您属于宽容型，您会喜欢所有更大、更快、更强的东西：它等于更好。您往往是线性思考者，倾向于以线性的方式做手势来表达观点。您属于果断型和底线导向型。您甚至可能大声说话以弥补听不清楚的懊恼。宽容型意味着黑白分明，直截了当。他们最有可能在保险杠上贴标签，上面写着"拒绝平淡的葡萄酒"。毫无疑问，100 分葡萄酒评级系统通常对于宽容型人群最有意义。

酒体饱满的葡萄酒是最受欢迎的。烈度是标度，越饱满越好。虽然与甜美型相反，宽容型人群也想要自己喜欢的葡萄酒，无论是配海鲜、牛排还是沙拉，只要是红葡萄酒。

根据我们的研究，宽容型人群中，男女比例为 2：1：32％的男性和 16％的女性。宽容型人群显然偏爱红葡萄酒，他们喜欢葡萄酒中的烈度，并且通常能"容忍"更敏感的品尝者难以忍受的口味，例如干邑白兰地、苏格兰威士忌、重口味黑咖啡、雪茄和酒体饱满的葡萄酒。

宽容型人群发现高酒精度的酒尝起来有"甜"味，似乎忘了高水平的苦味和单宁。目前，葡萄酒营销方面的做法是大力推销对这类人群有吸引力的葡萄酒，然而有趣的是，这类人群在葡萄酒专业人士中的比例并非最高。

我们发现，超预期数量的葡萄酒专业人士悄无声息地发现自己的酒型人格为经常被鄙视和污蔑的甜美型。我们在英国做的一项研究表明，随着葡萄酒专业人士退出舞台，很大一部分人会重新喝甜葡萄酒！

您喜欢甚至渴望很辛辣的食物吗？比如超级辣的？虽然在临床上归类为易上瘾的，但是我们知道在辣椒、芥末等调料中引起热、灼感的化学物质会导致某些个体的愉悦性化学物质释放到血液中。

在我的早期观察中，这似乎是另一个矛盾。人们可能会得出结论，宽容型酒型人格意味着能够忍受辛辣食物中的强烈烧灼感。通常情况下，甜美型和超敏感型酒型人格意味着对食物中的高热量有强烈偏好。于是，似乎宽容型人群最不可能渴望热量。

实际上有一个我从未考虑过的结果！对于某些人来说，烧灼感会促使内啡肽和其他诱发兴奋的化学物质释放到血液中。

"内啡肽是大脑产生的降低疼痛感的神经递质，"芝加哥嗅觉 & 味觉治疗和研究基金会神经学主任、医学博士阿兰·赫希说，"它们也被认为会引起快感。"赫希博士表示："吗啡、海洛因和可卡因等药物是经典的内啡肽释放体。"

虽然我们当中的某些人只是发现烧灼感刺激和令人不悦，然而其他人可能正享受愉快的经历。对于那些脸上带着自鸣得意的笑容，并且正在享用浓烈干葡萄酒搭配热辣食物的人而言，您不应该认为某些葡萄酒搭配辛辣食物的想法是毫无意义的。

多元化的酒型人格和生活体验

很多读者已经在对自己说："废话太多，我不属于以上列出的任何一种。"别担心，总有您的一席之地。此外，您将更好地了解可能与您偏好不同的人，并且与那些与您偏好相同的人相联系。

记住，这只是快速介绍。这个主题有很多变量，每个感官敏感类群体都通过葡萄酒兴趣、教育和愿望被进一步定义。稍后，我们将提及"神经可塑性"概念，它解释了我们的偏好如何随着时间的推移而发生改变。这适用于葡萄酒，同时也可应用于许多其他事物：它是通过观察、学习和适应新环境来获取和处理味觉的内部信息。

需要注意的是，您对葡萄酒越了解，您对它的喜欢和厌恶情绪改变的可能性就越大。简而言之，您已经有了更强大的观点和找到您最钟爱的葡萄酒的方法。

请将确定酒型人格视为了解个人感官敏感度和感知差异的一种方式，借此我们可以根据不同的个体提供定制化葡萄酒推荐。对葡萄酒专业人士而言，这为他们提供了更好的理解和沟通水平，以免他们根据个人喜好夸夸其谈，而不考虑他人偏好，并询问他们可能会喜欢什么。

探索和发现葡萄酒

如果您相信前方存在重大风险，那么开启探索和发现之旅是相当令人生畏的。现在想象一下，您有一位应该会协助您到达目的地的专家，而您

发现自己的向导仍然认为世界是平坦的。他可能会警告你独自出发的危险，而如果没有专家指导，您可能会成为可怕后果的牺牲品。

这是许多葡萄酒专家、权威和极客喜欢做的事情。它大多是无意识的，只是葡萄酒集体妄想和群体言论的一部分。有关葡萄酒的文章和葡萄酒博客中充斥着警告葡萄酒危机和失控的例子，包括做出错误的葡萄酒选择，点一些被认为不体面的东西，甚至更恐怖——尝试错误的餐酒搭配。

准备探险

如果选择去探索新的远景，您会需要什么？以下是必备的：

○您在出发时要知道自己的位置：您的出发点。
○最好在心里有一个目的地：它可以非常具体，或者您可能只想保持开放性并看看最终会到哪里。
○向导、地图或导航资源非常重要，可以帮助您确定目标。

这就是了解您的酒型人格的价值所在。如果您可以确保您的任何"向导"，例如您所购物商店的葡萄酒专区的人员，或者餐馆的侍酒师或服务专员，都了解酒型人格的划分原则，那就更有价值了。您还可以寻找能够通过酒型人格筛选葡萄酒的网站，这样您便可以更自信地阅读有关自己所选葡萄酒的信息，或者加入可以根据您的酒型人格特征个性化提供葡萄酒的葡萄酒俱乐部。无论如何，不要在分享您的个人葡萄酒偏好时感到尴尬或胆怯。如果您声明自己喜欢某种葡萄酒，并且获得任何葡萄酒专家或"向导"皱眉或窃笑的回应，请告诉他们加入该计划。点自己喜爱的葡萄酒，要求葡萄酒专业人士专注于您的需求，并吃自己想要的配酒食物。您是新的内部信息的所有者。它们受制于旧的和过时的范例。

这属于全新葡萄酒品鉴原则中"赋权大众"的范畴。

以下例子揭示了新葡萄酒探索之旅开始的样子：

1. 我属于超敏感型酒型人格，喜欢黑皮诺，习惯通过亲自品尝来确定美酒。您能帮我在今晚找一些特别的东西吗？

2. 我是超敏感型赤霞珠爱好者和狂热者，非常期待加州葡萄酒之乡的探索之旅。您有什么口感顺滑的特色红葡萄酒推荐的？我想在南美洲尝试一下。

3. 我属于敏感型酒型人格，是专业侍酒师、痴迷者和边缘型极客，喜欢任何制作精良的纯正葡萄酒，比较倾向于绿斐特丽娜（Grüner Veltliner）和希农（Chinon）。我真的想尝试一些全新的东西。

4. 我属于宽容型酒型人格，是充满激情的鉴赏家，热爱来自经典产区的涩性干葡萄酒，我是 ABC（除了霞多丽或赤霞珠的任何东西）运动的成员。您有什么浓郁的白葡萄酒可以让我体验？

5. 我属于甜美型酒型人格，正在超越狂热者的范畴。您能推荐一些甘甜而与众不同的东西吗？我有意尝试一下。

如有必要，请提醒向导，这是您的旅程。要求葡萄酒专业人士了解您想去的地方，同时能够带您到自己选择的葡萄酒目的地。

并非人人都想要进行葡萄酒冒险

许多零售顾问、侍酒师、葡萄酒教育人员和葡萄酒文章作者都是出于好意并且通常显得过于热心，而"每个喜欢葡萄酒的人都希望被引入探索之旅。他们想探索葡萄酒的历史和传统，了解葡萄酒产区，体验新风味，并发现新的葡萄酒"。

想法很好，然而不是每个人都想这样做。不可否认，许多人确实想冒险，但还有许多人只是想要尝起来美味并且与他们正在吃的任何食物搭配的葡萄酒。如果所有葡萄酒人所做的第一件事就是问"您想去哪里"，那不是很好吗？

这个故事适用于许多坚信每个喜欢葡萄酒的人都向往探索之旅的专家、善意的葡萄酒专业人士和教育人员。可能是，也可能不是。关键在于：我们要教会每个参与葡萄酒教育的人，在带领别人踏上葡萄酒发现之旅前，请首先礼貌地找出他们可能想去的地方。

如果您是葡萄酒爱好者，而某些人似乎不知道自己想去哪里，您可以告诉他们："我知道您对葡萄酒充满热爱和激情，但请定下心来。我现在不想去巴黎。我只想过马路去拜访我妹妹。如果您能帮我找到一瓶精致葡萄酒，她会很高兴：她属于超敏感型酒型人格，喜欢干性、清淡、细腻的白葡萄酒。"

找到自己的酒型人格，让其成为您的向导，并且帮助您找到钟爱的葡萄酒

设想一下，未来的葡萄酒零售顾问、服务专家和作家都知道如何提出正

确的问题，以便一次又一次地推荐满足并超出您期望的葡萄酒。届时，专家可能会问："您最喜欢哪种葡萄酒？"而您会毫不犹豫且自信地明确指出自己更喜欢什么样的葡萄酒，而无须担心被蔑视或被贬低。这样的场景在如今的葡萄酒世界中并不存在。

如果您想探索哥斯达黎加的热带雨林，您应该不想聘请有南极洲探险经验的专家做向导。那么，为什么还有人想寻求某些对自己的偏好和所需的葡萄酒一无所知的葡萄酒专家的建议？您需要找到葡萄酒零售商、葡萄酒销售网站、葡萄酒俱乐部、餐厅和酒庄品酒室，那里会有人了解您的个人需求。

由于这只是全新葡萄酒品鉴原则和酒型人格革命的开端，在这些概念变得更成熟之前找到正确的向导可能极具挑战性。我喜欢这样认为：找到理解这种与消费者沟通新方式的人，类似于试图为未知领域寻找合适向导。但是，嘿，我跟其他人一样妄想！

有人喜欢在未设定特定目的地的情况下出发。他们只是很高兴地收拾行李，然后边走边看清这条路的走向。许多酒型人格的人群喜欢自由出发，免受葡萄酒专家的干扰。如果您符合这个描述，请继续这样做！葡萄酒专家就喜欢这样提问的客户："最近有什么尝试让您很兴奋？"这着实有助于狂热的痴迷者或专家分享自己的激情和发现。如果您是狂热的痴迷者或专家，请确保在启动异域探险之前获得对方许可。

让味蕾成为您的向导，信任乐于聆听的专家！不得不说，这是葡萄酒界蹩脚的陈词滥调。如果葡萄酒人真的信以为真，那么当人们诚实地分享自己最爱的葡萄酒时，就不会有高傲的冷笑，而葡萄酒恐吓对消费者来说也不会是问题。

现在是时候自己做主了。请找到您最喜欢的葡萄酒并坚持自己的选择。寻找属于自己的、非常个性化的葡萄酒，"得意"一下！对许多人来说，宣誓自身葡萄酒自主权的"得意"时刻伴随着发现自己最爱的葡萄酒：新的莫斯卡托，最爱的白仙粉黛或者只有少数内部人士识货的来自勃艮第的特级葡萄酒。

如果您还没有找到"得意"时刻，请继续自己的探索。可能只是葡萄酒行业所固守的集体妄想阻止了您发现它。届时，您会特立独行，似乎是人群中唯一不盲目跟风那种强烈苦涩且令人不悦的赤霞珠，或者发现被粗暴地称呼为"软蛋"的雷司令很美味的人。是时候自信地开始探索您选择的方向和目的地了：明白您正遵循自己独有的路线图来享受葡萄酒。当您找到它时就会懂的。

第四章 理解并探索葡萄酒的多样风格

没有一款葡萄酒可以适合所有人，但我们可以改善市场细分，以期将葡萄酒定位于特定的细分市场，并且在很多情况下，摒弃迫使消费者选择其他饮料的侮辱性或晦涩的葡萄酒及食物信息。这意味着让甜葡萄酒回归几个世纪以来曾经占据的一席之地：餐桌。这也意味着，喜欢酒体饱满的葡萄酒的人可以放心享用一杯自己最爱的葡萄酒，搭配寿司或鸡尾冷虾，他们可能吃得津津有味。

我们区分了四种主要口味的葡萄酒，这些类别与相应消费者群体的口味偏好和语言相对应。甜美型、超敏感型、敏感型和宽容型，每个细分类别都有自己的葡萄酒口味偏好界限，同时也受到葡萄酒的综合体验对购买和消费行为的影响。

味觉敏感度是一种非常个性化的特质，它不意味着一个或另一个"更好"，只是不同。味觉敏感度也与味道偏好、个体特点和消费者行为相关。欣赏并理解这些差异对精确调整您向潜在消费者推荐的葡萄酒和传达的信息而言至关重要。如果您学会根据消费者的生理学和心理学特点来定位自己的营销并销售葡萄酒，您将提高取悦消费者的概率，同时，通过取悦他们，您将提高自己的成功概率。

请记住，许多缓解性心理因素在我们不断变化的个人偏好的发展中起着同样重要的作用。一个人的葡萄酒偏好越自然或越标准，这种葡萄酒风格的分类对于评估您产品的市场机会就越有用。这种以对消费者而言有意义的单词对葡萄酒进行分类的方法，应用于餐馆的下一代改良葡萄酒清单和基于风味的葡萄酒分类中，它为消费者提供了安全区，使其无须关注受到业界和更挑剔葡萄酒消费者青睐的含混隐喻的描述性术语。

描述葡萄酒的味道

关于葡萄酒的一件趣事是，虽然它通常由葡萄制成，但是当它们变成葡萄酒时却可以呈现出其他水果、草药、香料和花的特质。在试着描述葡萄酒时，人们会经常利用这些对比，并且发现其中玫瑰或茉莉的香味，以及柑橘类水果、草莓或苹果的特有味道。有时，这些对比是相当怪异的，如皮革、石油或焦油的气味。您甚至会听说某些葡萄酒有类似谷仓或农场的强烈而令人不悦的气味。请记住，您不必喜欢这种气味！我们听过的最不寻常的比较之一源于某个男人说葡萄酒让他想起了其祖母的窗帘。没有人知道他在说什么，但是对他而言，这就是一段幸福回忆。

当某个国家的人使用其他国家的人不熟悉的描述性词语时，同样会出现这个问题。例如，英国人经常使用醋栗来描述由长相思葡萄制成的白葡萄酒的特质。然而，大多数美国人都不熟悉醋栗：他们从未品尝或闻过醋栗，所以他们对这种比较感到困惑。法国人描述许多用红色黑皮诺葡萄酿造的葡萄酒时，认为其与覆盆子的味道相似，可是对于中国人而言，这毫无意义，因为覆盆子在中国并不常见。用莫斯卡托葡萄酿造的葡萄酒可能闻起来非常像中国人熟悉的水果荔枝，但对于西方人来说，这种水果亦不常见。

如果您不熟悉用于对比的对象怎么办？无须担心。虽然它会令人沮丧，不过请记住，没有什么比您钟爱的葡萄酒更重要，而对某一因素的过分担忧肯定会令享受打折。

最重要的是，尽量不要学下面这个首次品酒后非常担心自己出了什么问题的人。"所有人都说他们闻到和品尝到樱桃、李子、菠萝和柠檬味，而我只能品尝到葡萄味！"他说。请用自己的方式来描述对您有意义的葡萄酒。

记住，直接体验是了解您喜欢或不喜欢哪种葡萄酒的最重要手段。世界上最伟大的专家只是在分享自己的见解，酒型人格不同的人在品尝葡萄酒时，极有可能体验到完全不同的东西。您可以自己决定同意或不同意任何其他见解。它令葡萄酒如此迷人，也让了解自己的酒型人格变得非常有意义。

甜美型葡萄酒

这是最容易定义的口味类别：葡萄酒的主要味道是甜。对甜美型葡萄酒的第二及第三重要的描述是"柔滑"和"果香"。在美国，白仙粉黛是标杆，而莫斯卡托则从小众地位开始呈现爆炸式增长。甜葡萄酒爱好者也可能喜欢桑格利亚汽酒（Sangria），这是西班牙最流行的饮品，它由红葡萄酒混合果汁调制而成。兰布鲁斯科葡萄酒（Lambrusco）和甜红葡萄酒都属于这一类，但是如果将营销重点放在开发餐桌上的专供特色酒类，葡萄酒还有很大的提价空间。

我们的研究证实，偏爱甜葡萄酒的人可能也想尝试不同的葡萄酒，以弄清自己喜欢的甜度。甜度范围可以从几乎不甜到几乎甜如蜂蜜！这种口味类别在葡萄酒上的体现是，其残糖量从约 1.5%（每升 15 克），到最佳甜度区间：3%（每升 30 克）至 8%（每升 80 克），甚至更高。酒精度应维持在很低水平，通常在 10% 左右，甚至更低。苦味元素、还原芳香性和高酸度的强度常被夸大，同时必须密切关注亚硫酸盐含量。

葡萄酒行业错误地将这类人群"导向"干葡萄酒的努力却导致他们转而选择鸡尾酒或其他甜饮料，同时也导致我们错误地剥夺了甜葡萄酒消费者的选择权。他们还希望享用这类葡萄酒搭配牛排、鸡肉和鱼类，因此我们要防止臆造餐酒搭配，它们几乎会剥夺甜美型人群用葡萄酒搭配精心制备的美食的日常乐趣。

只要有合适的产品和宣传，甜味品尝者可以接受相比传统智慧下更昂贵的产品。恰如其分地理解这些敏感品尝者的需求，而非依赖盛行的错误信息和错误假设，可以为葡萄酒行业带来巨额红利，成为吸引和培养谨

慎但乐于尝试的消费者的新方式。

甜葡萄酒拥有广阔的细分市场，但是缺乏适当的营销手段。如果葡萄酒行业继续贬低甜葡萄酒，相应人群将继续选择鸡尾酒并远离葡萄酒。事实上，相比其他类型，甜美型人群饮用葡萄酒的频率显著偏低，并且在选择葡萄酒时最没信心。

除了警告他们远离这些葡萄酒之外，评估葡萄酒的打分系统对甜美型消费者一无是处。获得最高评分的葡萄酒的常见标签是干性、重橡木味、苦味和涩味。它们正是甜美型和超敏感型人群最厌恶的味道。法国香槟和意大利的美味阿斯蒂莫斯卡托（Moscato d'Asti）等起泡酒则非常值得一试。

甜美型消费者的目标是购买残糖量为 3% 至 6% 的无可挑剔的葡萄酒，用于搭配日常美食。当他们选择甜葡萄酒时，别忘了要让他们对自己的好品位充满信心。

值得一试的甜葡萄酒：
它们包括由雷司令、莫斯卡托、白诗南（Chenin Blanc）和特拉密葡萄制成的甜葡萄酒，以及许多由不同葡萄混合制成的葡萄酒。还有法国产区巴萨克（Barsac）和苏玳（Sauternes）的葡萄酒（通常非常甜）等，卢瓦尔河谷的沃莱（Vouvray）等品种，以及来自阿尔萨斯的某些葡萄酒。当然还包括由雷司令和其他葡萄酿造的美味德国甜葡萄酒。请务必告诉商店导购，您通常在哪里购买葡萄酒，并且您在寻找甜葡萄酒。还有很多甜红葡萄酒和甜香槟或起泡葡萄酒可供选择，只要您想尝试并且能够找到合适的。探索这些葡萄酒会是非常有趣的经历。

淡雅型干葡萄酒

世界各地的葡萄酒种类繁多，如灰皮诺、长相思以及某些风格的霞多丽（例如来自法国夏布利产区）。制作高酒精度和更"庄重"的桶装年份灰皮诺的尝试可能会偷走或俘获一些霞多丽饮用者的心。但那些对灰皮诺的流行做出巨大贡献的超敏感型人群希望他们的葡萄酒清淡、柔滑、低酒精度和有果香。干性雷司令也非常适合这一群体，但注意不要混淆

甜度和芳香剂。请确定您喜欢甜味还是其他类型。

淡雅型葡萄酒大多是干性的，或者可能有高达约 1.5%（每升 15 克）的残糖量，而且葡萄酒（例如霞多丽和许多长相思）的残糖痕迹最受超敏感型群体的欢迎。他们是目前为止"谈论干性的并饮用甜葡萄酒"的群体，但其期望甜度显著低于明确界定的甜美型人群。毫无疑问，当今许多成功的品牌，特别是传统上不像霞多丽那样甜的葡萄酒，都有相当的残糖量。

这种清新、飘逸的品质最常见于白葡萄酒，如灰皮诺、长相思、雷司令和白诗南，以及许多玫瑰葡萄酒和起泡葡萄酒。最重要的是谨记，您喜欢不甜的淡雅型葡萄酒。对于霞多丽这样的葡萄酒，更加淡雅的风格会吸引超敏感型群体，而更加传统的风格通常见于橡木桶中更加浓郁的年份酒。

更淡雅的红葡萄酒通常酒精度较低，色泽较浅，并且相比更浓烈的红葡萄酒其涩味和苦味较少。有许多葡萄酒可供探索，包括博若莱、希农和许多较淡雅的黑皮诺。请试着找到您喜爱的葡萄酒类型和风格，以便在您探索新的红葡萄酒时用作讨论葡萄酒风格的参考。

偏爱淡雅型葡萄酒的消费者也对"芳香"这个词有好感。对于高度敏感型群体，必须注意控制芳香剂，这样香气的浓度就不会像在电梯里遇到身上满是古龙香水的人！许多现代的葡萄酒厂认为，"更浓烈、更成熟、更高酒精度和陈年橡木桶"葡萄酒，例如灰皮诺会"更好"。未针对目标受众。这种葡萄酒可能会更吸引霞多丽爱好者，但他们通常知道自己不想要灰皮诺，所以它变得非常难卖。

柔顺型葡萄酒

与其他许多研究结果一致，在我们的研究中，"柔顺"是所有细分领域中最常被引用的正面描述。"柔顺"型口味是受敏感型群体青睐的主要描述，并且其本身与干性、浓郁、果香、复合型葡萄酒密切相关。此类别见于最广泛的产区和葡萄品种，包括阿尔萨斯白葡萄酒、霞多丽、浓郁型黑

皮诺、罗纳河谷葡萄酒以及各种白葡萄酒和红葡萄酒的调制品。

柔顺的葡萄酒可以或红或白，高浓度，高酒精度，并且为了证实残糖有助于抑制苦味，残糖量可以高至（略超）1%（每升 10 克）。这类葡萄酒通常由现代技术酿成：白葡萄酒得益于与苹果乳酸发酵相关的柔滑度，红葡萄酒需要深度提纯，令苦味或涩味特质最小化。

柔顺度是许多酒型人格——甜美型、敏感型、超敏感型——群体认为的葡萄酒的重要品质。它出现在不甜但具有丰富水果味的葡萄酒中。最重要的是，这些葡萄酒的口感不是那么刺激或苦涩。它们包括白葡萄酒、红葡萄酒和混合葡萄酒。红葡萄酒中常见的柔顺性口感较轻，通常是受到酿酒用葡萄的影响。从黑皮诺、西拉（Syrah）和仙粉黛红葡萄酒，到霞多丽和维欧尼（Viognier）白葡萄酒，口感柔滑丰富的葡萄酒种类繁多。

从历史上看，西班牙里奥哈地区和意大利基安蒂地区的传统葡萄酒非常平滑，因为它们经历了旧橡木桶的长时间陈酿，而现代的新橡木桶陈酿则体现出强烈的橡木味。

浓烈型干葡萄酒

将"浓烈"定义为口味类别相对容易。更重的颜色（几乎总是红色），更多味道，更多酒精，更浓的橡木味，更多单宁，这就对了！对许多业内人士而言，令人沮丧的是这种葡萄酒的主导地位，以及相应的 100 分制系统，它是专为评估这种风格的葡萄酒而定制的。它容易引起喜欢浓烈葡萄酒的宽容型群体的共鸣。

葡萄酒公司、大学和独立研究机构发起的消费者研究发现，在为自己或他人选择葡萄酒时，消费者显得不够自信。甜美型和超敏感型群体不仅缺乏信心，其葡萄酒消费频次也小得多。

宽容型群体常发现口味浓重的葡萄酒最能吸引他们。这些葡萄酒有更重的颜色（几乎总是红色）以及更高的酒精度。这些葡萄酒味道很重，在某些情况下表现为刺激性和苦涩，这种感觉就像刚咬了柠檬一样。甜美型

或超敏感型群体会畏于这些强劲的感觉，但这是宽容型群体所喜欢的。赤霞珠、仙粉黛和西拉是可以产生这些强烈味道的葡萄品种。

此外，您会发现，来自法国波尔多和罗纳河地区、加利福尼亚纳帕和索诺玛地区的许多最知名的葡萄酒都是重口味，而来自美国华盛顿州、澳大利亚南部地区、非洲和南美洲的许多葡萄酒亦是如此。

我们常被建议，微甜或更柔顺的干葡萄酒在餐前或餐后饮用是最好的。而现在我们知道，如果您喜欢，随时都可以饮用并享受这些葡萄酒。此外，喜欢浓烈葡萄酒的人也经常希望在用餐过程中一直喝这些葡萄酒，同样重要的是，要确保他们完全放心地用海鲜、鸡肉、蔬菜或其他他们喜欢的任何食物来搭配自己最爱的葡萄酒。宽容型群体免受更敏感人群所经历的金属味和苦味的影响，所以让我们为其消除限制。

第五章 感官能力

事实上我们生活在不同的味觉世界中，断定某种葡萄酒比另一种葡萄酒更好是不明智的。

——琳达·巴特舒克博士

"长期以来，我们都知道人们并非生活在同一味觉世界中。味觉超敏感者生活在五光十色的味觉世界，一切都是明亮而充满活力的。对于味觉迟钝者而言，一切都是柔和的，从来没有真正强烈的感觉。"宾夕法尼亚州立大学农业科学院食品科学助理教授约翰·海斯说。

在上一章，我们明白了您的独特感官配置、功能和能力如何决定自身的感官世界。我们人类会喜欢某些东西，同时不喜欢另外一些东西，原因和根源可归结为两个因素。一个是生理因素，包括我们自身基因决定的解剖学感官特征。另一个因素是信息编译和持续进行的重新编译，它发生在我们称之为大脑的人体处理单元中。

第一个因素涉及感官生理学，决定了个体感知任何特定感官刺激的能力以及对应的感知强度。就视力（色盲，光敏度）和听觉（有些人听力非常敏锐，就像我妻子总会听到我所说的不想让她知道的事情）而言，这一点很容易理解。至于味道和气味，情况也是如此。

第二个因素涉及感官心理学或神经学，揭示我们如何编译信息以响应感官刺激。这种编译有两种基本形式：预编译（本能）反应，包括保持心脏跳动和肺部呼吸所需的命令，以及应对潜在危险或愉悦的命令。然后我们根据大脑存储的生活经验做出回应。这些是我们通过不断观察和学习对感官刺激做出反应的方式。本能反应可以被经验取代。随着时间推移，我们会建立更多正面或负面关联，这会改变我们所经历不同感官刺激的意义或背景。

接受咖啡的味道就是很好的例子，因为它在中国越来越受欢迎。我们在观察成年人饮用重口味和苦味饮料时，我们希望自己被当作成年人来对待。我们将咖啡与醒来"闻到咖啡味"相联系。随着时间推移，我们明确是否真的喜欢它。如果我们接受它的味道，我们就可以确定自己的口味。我们甚至可能变得充满激情，同时学会根据新的咖啡流行语来一句："可以来份大杯小白浓缩榛果拿铁吗？"

硬件和软件的类比有助于解释这两个因素的作用原理。感官生理是由遗传决定的"硬件"，它决定了您能够体验到的感官范围和强度。您的感官软件决定了这些感知结果的处理方式。

感官硬件将感官刺激（味道和香气分子、声波、光波、热或冷等）传输到我们的大脑，再由感官软件进行相应处理。发送到大脑的感知强度可以完全因人而异。虽然大多数人都会意识到这些差异，但很少有人知道我们的个人感知能力如何体现在日常分歧中，例如恒温器设置、立体声音量或需要加盐。这肯定会影响到我们的葡萄酒偏好。

发现人们对感官刺激的反应如何因人而异，远远超出了理解更多葡萄酒偏好的范畴。

修正"味觉超敏感者"范例

人们通常认为，葡萄酒专家在某种程度上被赋予了超能力或感官优势。事实上，最敏感的人时常觉得现代的干葡萄酒味道不佳。

20 世纪 90 年代末，我注意到佛罗里达大学实验心理学家琳达·巴特舒克博士的研究。根据她于 20 世纪 90 年代初在耶鲁大学医学院的研究成果，她得出结论：有些人对某些化合物的味觉感知有所提高。她做此总结：人们无法分享彼此的感官体验，并且事实上"生活在完全不同的感官世界中"。

有了！这可以解释我观察到的葡萄酒专家和葡萄酒消费者之间的不和谐和分歧。琳达后来接受了《旧金山纪事报》撰稿人斯泰西·芬兹的采访，斯泰西·芬兹的采访报道非常友好地为我的研究提供了鼓励和支持：

非传统葡萄酒专家认为：味蕾数量决定葡萄酒偏好。

蒂姆·汉尼的非传统智慧认为：葡萄酒喜好取决于舌头上的味蕾数量。

琳达·巴特舒克是佛罗里达大学盖恩斯维尔分校的味觉和嗅觉教授，她创造了"supertaster（味觉超敏感者）"这个词，是该领域的权威，她赞赏了蒂姆·汉尼将其研究成果应用于葡萄酒鉴赏的方式。"我认为蒂姆·汉尼是一位真正的英雄，"琳达说，"他正在应用合理的科学做研究。事实上，我们生活在不同的味觉世界。断定某种葡萄酒比另一种葡萄酒更好是不明智的。"

回溯至 1931 年，杜邦化学家福克斯在实验室工作，当时化学化合物苯基硫脲（PTC）不慎溢出。实验室里有些人抱怨吸入 PTC 的感觉非常痛苦，而其他人似乎对此一无所知。这致使我们认为个人感官的感知能力存在显著差异。

当年，在美国科学促进会的一次会议上，福克斯与遗传学家布莱克斯利合作，让与会者品尝 PTC：65% 的人觉得很苦，28% 的人认为无味，6% 的人描述其他味道。

随后的研究表明，PTC 的品尝能力本质上是遗传的。20 世纪 60 年代，罗兰·费舍尔首次将 PTC 以及相关化合物丙基硫氧嘧啶（PROP，处方甲状腺药物）的品尝能力与食物偏好和体型相联系。（如今 PTC 被认为有害健康，通常不会用于试验或演示。）

琳达和她的同事们在这项工作的基础上发现：人们对 PROP 的敏感性分为三类：

○ 没有任何苦味的"味觉迟钝者"。

○ "味觉普通者"发现它有些苦涩和令人不愉快，但不是太糟糕，或者至少并非一开始就是这样；不愉快的感觉常随着时间的推移而增加。

○ "味觉超敏感者"立即发现这种化合物的味道极其苦涩。

大多评估结果表明：25％的人是味觉迟钝者，50％为味觉普通者，25％为味觉超敏感者。这是"味觉超敏感者"一词的出处。在葡萄酒世界中，它表现为一种优越的品鉴力。

然而，这是一个不幸的术语：充其量是误导性的。在琳达博士的精彩论述中，"味觉超敏感者"指的是对相对少数化合物敏感的人（PTC、PROP 和其他形式的硫脲）。苦味感知基因 *TAS2R38* 与 PROP 和 PTC 的品尝能力有关，但它不能完全解释"味觉超敏感者"现象。对这些化合物过度敏感的人往往表现出一般的感官（嗅觉、触觉、听觉和视觉）敏感度，但很可能对一般苦味而非 PROP 高度敏感。但是您可能对 PROP 敏感，而非对普通苦味敏感。

"味觉超敏感者"一词导致了葡萄酒媒体和葡萄酒界的错误观点：葡萄酒专家见多识广，一定是味觉超敏感者。为了回应加拿大安大略省布鲁克大学所做的专业侍酒师与消费者对 PROP 敏感性的对比研究，加拿大《环球邮报》发表于 2012 年 3 月 20 日的一篇文章用了这样的标题：葡萄酒专家更可能成为味觉超敏感者。事实上，他们所采用的方法更多指向自我实现的预言：侍酒师培训和品酒实践偏爱狭隘的酒型人格，因此相对可预测的是，他们往往会处于灵敏度谱的超敏感端。与布鲁克大学的研究结果相反，我知道许多世界级葡萄酒专家可以归类到灵敏度谱的两端。

味觉超敏感或味觉迟钝代表人类群体中的正常差异，跟眼睛或头发颜色不同是一个道理，不应被解读为使某人成为葡萄酒专家的潜质大小。正如我们所看到的，由于烧灼感和苦味强度，拥有极端味觉敏感度的人经常难以享受葡萄酒或任何酒精饮料。原因很可能是喜欢甜食的人似乎拥有最高的味觉敏感度。

琳达的研究成果对我来说是重要激励，它帮助我加深了对生理和遗传相关特性对感官的影响机制，以及它在不同人群之间差异性的理解。

我的目的是澄清对这种现象的理解，并去除"超级"字样，同时用一个不那么优越的词来替换。乍一看，人人都想成为"超级"品尝家，所以我们人为制造了味觉超敏感的差异。这有助于我们更了解消费者，并且为合适的人提供合适的葡萄酒，以避免葡萄酒界对甜葡萄酒采取不恰当、消极和愤世嫉俗的态度，或者误解为葡萄酒专家需要具有味觉超敏感性。

在建立酒型人格时，我们研究了比单一化合物反应更多的灵敏度因子。因此我们用"hypersensitive"取代术语"supertaster"。 从遗传和生理学角度来看，我们对酒型人格的估计结果大致为：50%的较高敏感度（甜美型和超敏感型），35%的敏感型和约 15%的宽容型。

请记住：您体验到的味觉范围和强度涉及许多变量，例如每个味蕾上味觉受体的数量和类型，以及味觉刺激对大脑的传递强度。不过从一般意义上来说，您的味蕾数量体现了整体味觉敏感度。

味觉更敏感的人通常能更好地描述葡萄酒特性吗？这有意思吗？好吧，

也许不好笑但是有趣。拥有最高敏感度的人似乎最难描述自身感受，因为他们的诸多感知有点儿不和谐。

甜美型和超敏感型人群意味着在品尝时会更快地出现精神疲劳，因为有许多不同的感知需要处理。宽容型人群往往非常果断，在确定他们的分数和结果时更加准确，因为他们需要处理的感知较少。

我们是不是想鼓励宽容型人群？不，我们想鼓励每个人。但我们希望人们从宽容型人群的主导地位中解脱出来。在鉴定或评估葡萄酒时，我们需要为不同的人匹配相应的系统。宽容型人群可以使用很棒的 Parker 或 Wine Spectator 百分制系统。但评估和分数通常直接与甜美型和超敏感型人群的偏好相对立，例如维吉尼亚·尤特莫伦博士和我的岳母乔安妮。他们都明白：某款葡萄酒得分越多，他们就越不喜欢这款葡萄酒，所以它实际上是一个有价值的系统，只是结论与实际相反。

遗传学和香菜

探讨不同感知和观点！不妨说服一些人相信香菜味道鲜美，他们应该会试着喜欢它。回到我们的"鞋子类比"，同理，我们可以告诉身高 11 英尺的人，他们应该"学会"喜欢穿 8 码大小的鞋子。

对大多数人来说，香菜是种香气浓郁的苦菜，最常见于中国各地的美食。

然而对于少数人，可能是 4%～5% 的人，香菜引起了可怕和痛苦的感觉，通常被描述为"像肥皂"。蒙内尔化学感官中心的感官研究员查尔斯·威索基博士认为，这是一种遗传性，同卵双胞胎对香菜有相同的感官反应。他推测这是由基因或受体突变或缺失所致。

那么什么葡萄酒可以搭配香菜？我想这可能与您的个人偏好有关。

第六章 感知心理学和幻想

人们的酒型人格取决于自身的敏感度系数（Sw、Hs、Se 和 To）和所属流派（享用者、爱好者、葡萄酒学习者等），及其日常饮用葡萄酒的类型和风格。顺便说下，如果被问到"您平时最喜欢什么葡萄酒"，这时"但我喜欢每种类型的葡萄酒和风格"是完全可以接受的答案。它既可以是完全开放式的，也可以是非常具体的。众所周知，随着时间的推移，许多人会改变自己的葡萄酒偏好。被误解的是促进偏好改变的动力和因素。

我们提到酒型人格"流派"的原因是，不同的人可以根据自身的审美兴趣、专业水平、基本葡萄酒偏好、学识等因素进行归类。在我的宏大计划中，这将为联合拥有相似兴趣、价值观和期望的人提供重要参照。

这提供了将人群分组的方法，并且帮助有见识的葡萄酒专业人士在给出新的葡萄酒推荐之前更好地了解一个人。您的流派取决于自身对葡萄酒观察、学习和评估的兴趣程度。

因此，您的葡萄酒偏好变化"完全出现在您的大脑中"。您的流派（学识、审美、环境），而非味觉本身，更可能对个人偏好随时间推移而发生的改变负责。

请记住，您的个人感知基于对口味、气味、颜色等因素的幻想。这些幻想产生于我们的大脑，然后我们自己确定哪些与现实有关。

这也意味着，每当经历感知变化时，我们会立即归咎于外部因素。我们很少考虑这可能是种内在的位移甚至神经学的变化，它导致了我们的感知变化。例子包括，"哇喔，这瓶酒刚开瓶时的口感与一小时之后的口感不一样了"。另一个重要区别是，"这个葡萄酒的口感与我们在意大利品尝的时候完全不同，当时我们在河岸边亲热"。

您所属流派可能会时刻变化或者随着时间的推移而渐变。还有一个特殊类别，我们称之为"冲突"的酒型人格。其本身还称不上一种流派。"冲突"的酒型人格本身没有任何错误，只是表示高度的酒型人格可塑性（适应和改变的能力），这类人群的葡萄酒偏好、态度和行为远远超出自身自然嗜好和倾向的正常界限。冲突型人群通常可以自我追溯起决定性作用的生活体验，并发现自己在何处、何时以及如何决定从根本上改变自身的偏好、态度和行为。这是我最喜欢的对冲突型的解释。

流派的定义

以特定风格、形式或内容为特征的艺术、音乐或文学元素。

酒型人格的流派定义

酒型人格的流派定义最能描述一个人在鉴赏、审美、见识或专业知识方面的立场。

如果您的葡萄酒"口味"发生变化，那是属于审美范畴，就像您的音乐"品味"一样。这是一种神经现象，与感官敏感度的关系不是特别大。

就审美意义而言，人们的口味会随着时间的推移而改变。同理，我们对音乐、时尚和电影的品位也会发生变化。从摇滚到爵士，从动作片到经典影片，可以说，我们的品位也有流派的变化。

为了更适应某种场合，我们可以简单地选择某种流派。这看起来可能像是，"今晚我的心情（这里指您的流派）很应景"。有些人能够在流派中进行自如切换，比如生命中某段时间喜欢说唱或摇滚风格，接下来则是柴可夫斯基。

改变偏好的现象

当有人对我说，"嘿，您误解我了——您把我当作超敏感型，而我喜欢口感浓郁的红葡萄酒"，或者当人们问"我们的葡萄酒口味不会随着时间的推移而演变吗"，我会想起我的土耳其晚宴。

是的，确实。我们的口味会随着时间的推移而改变，但不是以大多数人倾向于认为的方式。"我的音乐品味已经改变"中的"品味"一词更符合另一种定义——我们在时尚或审美方面的品位——而非我们对味觉的感知。作为人类，我们经常确立并处理自己的偏好。这是一种固有的正常神经功能。重要的是要意识到，作为神经可塑性现象的一部分，这些变化发生在我们的大脑中。就像"纺纱女工"似乎在变化一样，我们对感知领域中许多事物的看法亦然。

就像我们可以适应并享受某种初看起来很可怕的艺术风格，喜欢我们曾经害怕的动物，或者学会享用生牡蛎一样，我们可以选择随着时间的推移将偏好迁移至干性和（或）更浓烈的葡萄酒。这主要归因于影响我们偏好的心理因素，并且在很大程度上决定了我们在探索和尝试新事物时，对不同风格（例如干性与甜美型，或不同类型的葡萄酒）产生的不断变化的"品味"。就像其他任何事物一样，同行或社会压力对我们的决定和葡萄酒时尚发挥着重要作用。

"后天性品味"是一种神经过程，它将令人不悦的直觉，与带来新的积极记忆、成就或积极强化的愿望或审美重新联系起来。相反，随着时间的推移，您也可以通过消极关联或强化记忆来处理"品味"。例如，有些人失去了对盐或糖的口感，因为他们认为这些对健康有害。对甜葡萄酒口味的处理错误地成为在葡萄酒领域经验丰富和受过良好教育的象征。

就葡萄酒而言，我将获取和处理口味的适应性称为酒型人格可塑性——某种酒型人格适应和改变环境的能力。您的感官敏感度或宽容程度对您的酒型人格可塑性有直接影响，它经常解释人们采取进一步行动的意愿或能力。这在某种程度上可以解释，为什么有些人很容易放弃盐或糖，而其他人却发现这是一项挑战，除非不得已而为之。许多人对食物的纹理异常敏感，而生牡蛎超出了适应可塑性的范畴。

为什么要这样？我之前提过，蒙达维品酒室里有位女士正努力消除她对甜葡萄酒的好感，因为她被告知干葡萄酒"更好"，更有品位。在男性主导的世界中，我的土耳其朋友加上了苏格兰威士忌的口味以确保自己不落下风。除了时尚考量，许多人都在努力改变自己的口味，因为葡萄酒在其生活中扮演着重要角色。我称之为他们的流派，它对您喜欢的葡萄酒以及喜欢这些酒的原因有很大影响。

生活经历和记忆影响我们的感知

除非存在某种身体伤害、新陈代谢转变或药物相互作用，我们的感官硬件很难重塑，不过我们可以不断编辑软件以融入自己的愿望和经验。1986年9月，《国家地理》杂志上刊载的《嗅觉亲密感》一文指出："根据人们早期接触马匹的情况，马厩的气味可能令人感到愉悦、恐惧或伤心，因人而异。"想象一匹马，与马匹或马厩相关的气味，或者杂志或电影中的描写，可能会引起不当回忆，并无意识地唤起您与马匹相关的情感。

许多事情立即决定了您的大脑如何阐释单一感知。真空中一片空白，而有意或无意的记忆可能会改变您的大脑阐释感知的方式。您的喜好缘于直接感知的联合作用，对感官刺激的既定直觉反应，以及来自我们生活经历的记忆，这些因素在我们的大脑中汇集在一起等待处理。

如果我说到"长相思"，那些熟悉其芳香隐喻的人往往形容这款酒会让人联想到草，而您的大脑会处理与草相关的想法或回忆。如果您闻到草的味道并听到割草机的声音，它会唤起特定记忆。它可能会让您想起轻松快乐的夏日时光。您可能是一个打棒球的孩子，喜欢草的味道，直到有一天，您三击出局，被指责的同时草坪正在被修剪，也是从那时起，这种气味对您来说太可怕了。或者您可能对草过敏，而草的气味触发了消极的潜意识信号。

我们发现许多讨厌长相思的人会对草过敏，或者有关于夏天的不愉快记忆，抑或是与草坪或草坪修剪相关的痛苦经历。如果您对草过敏，潜意识可能会告诉您，"无论这是什么，它都会令您打喷嚏和肿痛。快点儿离开——太糟糕。"

当您在享用长相思时，请记住这个案例，并且允许人们讨厌它。因为他们的大脑告诉他们自己讨厌它。

框架、隐喻和葡萄酒语言

描述和评估自身感知是一种自然而重要的人类特征。我们的复杂感官系统由受体、通路、寻径、记忆和回忆组成，它帮助我们识别现在的事物，记住过去的事物，甚至通过基于以往经历的期望来"预测未来"。

这个人是家人、朋友还是敌人？哪个是我的孩子？我如何找到回家的路？这种食物安全吗？为什么这个包包值 3 000 美元？那是什么声音？我知道，如果打开开关，灯会亮起来。我应该追这种动物然后吃掉它，还是因为它会吃掉我而逃跑？为什么拿花生酱搭果冻？生命有何意义？我从这款酒中闻到的是薰衣草的味道吗？

框架和隐喻对我们的思考和沟通方式起关键作用。它们对决策和解决问题大有裨益。它们是基本任务的必备，例如识别危险，以及鉴别和评估状况、对象和人员。在我们描述葡萄酒，或者创新和交流餐酒搭配时，它们总是如影随形，并且经常被误解为客观现实。然后我们会进入集体妄想的层面。

多年前，我发现了乔治·莱考夫博士的卓越工作，他是加州大学伯克利分校的认知语言学教授，他是"框架"（语言塑造思维的方式）专家。虽然他的工作主要涉及政治言论，但是他关于大脑信息处理方式的观点似乎解释了在酒型人格流派的自然演变中，人们看待葡萄酒以及餐酒搭配的方式。他是《别想那只大象》一书的作者。标题的出发点是，如果要求您不要想象大象，那是不可能做到的。您还可以在 YouTube 和其他视频共享网站上找到乔治·莱考夫所做访谈的全部或部分内容。如果您像我一样对这些概念着迷，我建议您上网了解更多信息。

乔治·莱考夫的工作还提供了对偏好之心理因素的洞察力。他对框架和隐喻的研究揭示了我们能够或者无法感知政治观点、一杯酒或歌剧之夜经历的程度。在《我们赖以生存的隐喻》中，他写道：

　　"隐喻"是一种基本心理机制，它允许我们利用身体和社会经验给出对无数其他主题的理解。因为这些隐喻构成我们对经验的最基本理解，所以它们是"我们赖以生存的隐喻"——悄无声息地塑造我们的感知和行为的隐喻。
　　我们的大脑从身体的其他部分接受信息。我们的身体是什么样？它们如何运作？这些构成了我们可以用于思考的概念。未经大脑允许，我们无法想象任何事情。

葡萄酒描述 & 解释葡萄酒和食物框架

在我们的大脑中创建"图像",同时填充元素(对象)、主题(人)和角色(对象正在进行的活动)的认知过程,它对应于我们的思维和想象。

隐喻

1. 一种修辞手段,将术语或短语应用于不适合字面上描述的事物以表达某种相似性,例如:"这是一种野餐葡萄酒。"
2. 用某些东西来表示其他东西,例如:"这是一种严肃而深沉的葡萄酒。"

类比

1. 基于两个事物特征之间相似性的比较,例如:"这款葡萄酒具有草香特质。"
2. 从逻辑上讲,类比是一种推理形式,它根据事物之间在其他方面的已知相似性,来推断它们在某个特定方面的相似性。例如:"具有草香特质的葡萄酒最好搭配用草本植物制作的菜肴。"

明喻

一种修辞,将两个不同的事物进行明确比较,如:"葡萄酒像夏日一样新鲜。"

从本质上讲,莱考夫和其他研究者将大脑描述为不断创建框架,以关联和管理随时发生的感官信息和记忆。例如,您看到一扇关着的门,而有人告诉您它通往洗衣房。然后您的大脑很可能开始填写这个心理框架,以期在门后面的房间发现洗衣机、烘干机、熨衣板、肥皂等。您还可以在框架中加入人物画像以及与此框架相关的角色，例如您的母亲正在洗衣服。然而，如果您打开门后发现，这个所谓的洗衣房实际上只有一张沙发或一个冰箱，它实质上会"破坏"那个框架，因为它与您臆造的期望相左。与打破框架相关的表述包含某些单词和短语，例如出人意料、吃惊、无法预料、意外、没办法、非我所想、诧异、怎么回事、不切实际。

以下是莱考夫博士提出的某些关键要点，随后是我推测的它们与葡萄酒感知的关系。

简单框架

执行以下指示：别想那只大象！

当然，这是一项无法执行的指示——而这就是重点。为了故意不想大象，您却必须先想象一只大象。有四层寓意。

寓意 1：每个词都唤起一个框架。

框架是用于思考的概念结构。大象这个词唤起了一个框架，它包括一头大象的形象和特定知识：

大象是种大型动物（哺乳动物），耳朵大而软，鼻子也用作手，树桩般的腿等。

寓意2：框架内定义的词语唤起了框架。

"Sam 用鼻子捡起花生"，这句话中的"鼻子"一词唤起了大象的框架，并暗示"Sam"是大象的名字。

寓意3：否定框架前首先要唤起框架。

寓意4：唤起框架意味着框架强化。

某个框架都是通过神经回路在大脑中实现的。神经回路的每次激活，都意味着它会得到强化。

三个盲人、大象和描述性框架

还记得关于三个盲人和大象的古老苏菲寓言吗？第一个盲人来到大象前，抓住象鼻并描述了一条蛇，第二个盲人感觉到了像树桩一样的腿，第三个盲人则描述了绳子一样的尾巴。当每个盲人都试图描述大象时，一场争论随之而来。每个人都借鉴了自己的经验，但他们无法就大象的外形达成一致。

同理，我们对同样的葡萄酒或餐酒组合的看法和意见一样千差万别。每个盲人都执着于亲身经历的"客观真理"，只是"真理"仅局限于自己的经验和解释。在许多方面，体验、解释和描述葡萄酒以及餐酒搭配，与这个比喻类似，它令葡萄酒主题没必要地复杂化。

获得了更多与葡萄酒相关的经验和见识后，人们如何看待葡萄酒？接下来我用框架理念来解读。这是一个持续的过程，它收集更多与葡萄酒相关的隐喻和记忆，以填补随后我们用于餐酒搭配建议的葡萄酒心理框架。看看我的逻辑是否没有哪怕一点儿意义：

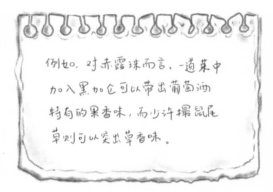

资料来源：《如何进行餐酒搭配——成功搭配的 6 个简单贴士》，《葡萄酒观察家》，

发布时间：2011 年 9 月 23 日。

当今范式中的餐酒搭配

不要考虑灰皮诺（开个玩笑）。以下是典型的描述性词语，可能与灰皮
诺和恰当的葡萄酒搭配有关。请记住，这是人类组织与思想及概念相关
信息的一种非常常见的方式。

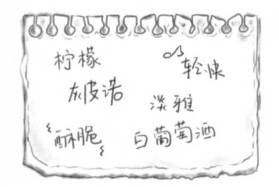

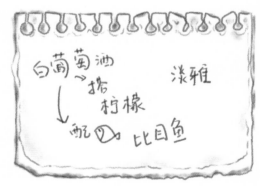

人们会如何将以下食谱与上述葡萄酒实例的描述性框架进行关联，答案
很明显。现在比较梅洛葡萄酒和相对可预测的鸭肉配菜的描述性框架：

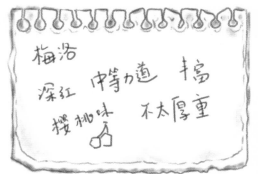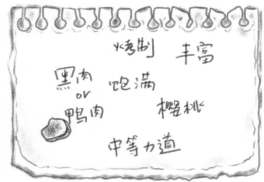

通过简单的比较食谱的隐喻性描述，然后想出具有相似框架元素的食物，我们不难看到提出餐酒搭配的方式。

"带有樱桃果香的暗红色浓郁梅洛将完美地融合樱桃酱烤鸭的丰富口感。您需要中等烈度的葡萄酒，因为赤霞珠可能由于太重口味而掩盖了这道菜的口感。"

"简单制备的柠檬大比目鱼需要与淡雅、细腻、微酸的白葡萄酒搭配。"

我最喜欢的隐喻是葡萄酒和食物的"结合"。我看看：如果我没记错的话，那意味着葡萄酒和食物走到一起，争执、发怒并直呼其名。争执最终止于明确谁获得餐具和配菜监护权的诉讼。这大致总结了我的第一次婚姻！

老派餐酒搭配原则的说明

在如今关于餐酒搭配的集体妄想中，有您需要了解的所有相关信息。

将葡萄酒与食物相匹配——旧观念：学习并牢记适用于许多葡萄酒的描述性词语，并且将其与具有兼容成分和隐喻描述的食物相匹配。您的葡萄酒描述词语和隐喻的列表越长，您就显得越专业。如果没把握，请使用隐晦的调料或特定品种的水果，如此便没有人知道您在说什么。葫芦巴、豆蔻、胡椒都可以。至于水果，那就使用石榴、阿开木、Arlet 苹果（不仅是普通苹果）、醋栗等。如果您还知道些葡萄酒术语，如贮酒室、矿物味等，那就尽管说出来以显得高大上。确保水果的颜色或特质与葡萄酒的颜色匹配。

将食物与葡萄酒搭配——旧观念：与上述过程相反，将菜肴的成分和描述性隐喻与具有最佳描述相容性的葡萄酒匹配，例如："这道用菠萝咖喱萨尔萨酱调味的鳐鱼将与来自凉爽地区的浓郁维欧尼相得益彰，维欧尼可以抵消鱼的重口味，而它的酸味、热带水果风味以及香辛味与菠萝萨尔萨酱非常相配。"

继续——审视所有的餐酒搭配解释，看看这是不是真的。我打赌您不敢确定！

您可以打赌，这个隐喻的葡萄酒和食品框架下的从业者群体会发出强烈抗议！您可能会注意到，集体妄想或当前范式甚至被称为"现有框架"。

我有一个想法！让我看看自己是否可以构想出餐酒搭配狂热者的强烈反应。我将设置某些角色和描述语，并且看看互联网上的唠叨是否与我预测的结果相对应。

对蒂姆·汉尼的餐酒搭配范式挑战的预期回应：

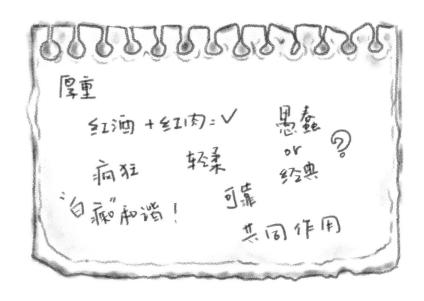

"盲品"葡萄酒如何？

"盲品"（品尝者不知道是什么葡萄酒）有助于消除许多深刻影响我们感知的指示。这也会带来新影响。请记住，如果您打破了某个框架，只需创建新框架来代替它。因此，知道自己参与盲品会对您的酒型人格产生巨大的心理影响，并且您的感知也会受到干扰。如果您告诉某人 1 号玻璃杯中的葡萄酒值 2 美元，那么他们很可能已经准备将其视为廉价和无趣的。然而，如果您说："哎呀，我的错，那是价值 300 美元一瓶的极品纳帕谷赤霞珠（Napa Cab），令人可望而不可即。"变脸的速度太惊人了。现在，它太棒了！

价格会影响口味吗？

我的妻子很讨厌我讲这个故事。一位好友曾携带一瓶非常昂贵的（标价数千美元）葡萄酒到我家吃晚饭。这是款优雅的葡萄酒。第二天，凯特当面问道："你为什么不告诉我那瓶葡萄酒这么贵！"就像任何漫不经心，有点儿笨拙的丈夫一样，我问道："那又如何？这不像有人会闻到葡萄酒，然后宣称，'哇喔——这一定值数千美元！'"

她答道："如果我知道这是极品，我会更加关注并更享受。"她当然没错。不过我希望她读到此文——我很难承认她是对的，而我自己错了。这里有项研究，支持凯特在了解了葡萄酒价格，因而感知受到影响后的立场。

以下是关于葡萄酒价格对葡萄酒质量感知影响的研究摘要，作者是 Lisa Trei，文章于 2008 年 1 月 1 日发表在斯坦福大学商学院网站上。

葡萄酒的价格会影响它的口味吗？

根据斯坦福大学商学院和加州理工学院研究者的说法，如果某人被告知自己正在品尝两种不同的葡萄酒——价格分别为 5 美元和 45 美元（实际上是相同的葡萄酒）——当饮酒者认为自己正在享受更昂贵的年份酒时，感知快乐的大脑部位会变得更加活跃。

"根据我们的记录，价格不仅是质量的参考，而且它实际上可以影响真实的质量，"该论文的共同作者、三和银行的市场营销学教授 Baba Shiv 说道，"因此，价格实际上在改变人们对产品的体验，以及消费这种产品后的反馈。"

研究

研究人员招募了 11 名加州理工学院的男研究生，他们表示自己喜欢并偶尔喝红葡萄酒。参与者被告知，他们将品尝五种价格不同的赤霞珠，以研究采样时间对口味的影响。事实上，只使用了三种葡萄酒，其中两种使用了两次。第一瓶葡萄酒的实际价格为 5 美元，标价为 45 美元。第二瓶葡萄酒的实际价格为 90 美元，标价为 10 美元。用于分散参与者注意力的第三瓶葡萄酒标有 35 美元的正确价格。他们也提供无味的水供参与者漱口。这些葡萄酒随机供应，同时要求学生关注每种样品的口味和个人喜好程度。

结果

参与者表示他们可以尝出五种不同的葡萄酒（尽管只有三种），并且认为更贵的葡萄酒味道更好。研究人员发现，葡萄酒的感知价格上涨确实会导致内侧前额皮质活动增强，因为味道预期会相应增长。Shiv 表示，因为参与者不是专业鉴赏家，他希望懂行的人会对此结果提出挑战。"这些调查结果换成专家也成立吗？"他问道，"我们不知道，但我猜测结果一样。我认为换成业内人士会呈现出更多这样的效果，因为他们真正在乎它。"

根据 Shiv 的说法，大脑的情绪和享乐区域可能是做出良好判断的基础，因为它们相当于感知的导航设备。"大脑超级高效，"他说，"在实时发生的事情和人们预期发生的事情之间，大脑的某个部位似乎存在完美的重叠。它几乎充当了 GPS 系统。这似乎是台导航设备，可以帮助我们在下次学会做正确的事情。"

框架和隐喻是我们的大脑在工作中不可避免的行为方式。明白了我们大脑的工作原理，至少可以让您保持开放的心态，它不仅关乎您正在品尝什么，还关乎他人偏好。

提及白仙粉黛，您的脑海中会浮现什么样的框架？

嘿，我的切身经历——它一定是真实的！

我想大家都会同意这个观点，我们的思维会跟自己耍花招。话虽如此，让人惊讶的是，人们对葡萄酒以及餐酒搭配的错觉感知是多么顽固。您会听到人们说："当然，这是很棒的组合，我亲自尝试过！"或者"您应该能闻到压碎的 Olalla 浆果味，我自己就可以，它就像纺织女工脸上的鼻子一样清晰！"

我们都有不同的感官和感知能力，也都有着不同的生活经历。因此，我们都有不同且同样正当的观点。

为了避免唠叨，许多葡萄酒描述、评判或打分的方式有助于我们承认并尊重每个人的观点。不要因为评分、荣誉、星级或术语等事宜，再怀疑"他们有什么问题吗"，任何适合您的价值体系都是有效的。我们应当避免这种推断：适合自己的东西对每个人或其他任何人都合适。拥抱和尊重已经成为葡萄酒鉴赏标准的许多不同观点，并且结束关于谁是谁非的无谓争吵，是可能的，也是具有建设性的。

对您来说，虽然葡萄酒的品质或特征在特定的时间或地点看起来可能像钟声般清晰，但我们所感知的东西很可能被其他因素，如潜意识的记忆所扭曲。也可能是我们忽视的背景或环境因素完全歪曲了我们的感知。您可能正在喝一杯当时来说无可挑剔的葡萄酒，但后来您被问到是否喜欢并回答："很好，但味道并没有那么令人激动。"完全可能是您所在房间的墙壁颜色唤起了令人不悦的潜意识记忆，让您不明就里地感到不安。也许您在课堂上遇到尴尬，或者被遣送到某个房间作为惩罚，并且其墙壁有类似的颜色。如此，您的心态有些"走偏"，因而葡萄酒的味道不那么令人愉悦。

味觉、嗅觉和记忆

您是否知道，人在感冒时可以尝出所有能够品尝的东西？如果您的鼻子堵塞，那就无法闻到葡萄酒或食物的味道，但这两种感觉实际上是完全独立的。

现在考虑一下：
○味觉：主要包括甜、酸、苦、咸和鲜等基本感知。
○嗅觉：我们的嗅觉感知。
○风味：任何及所有感知的组合，为我们提供味觉感知和评估——味觉、嗅觉、触觉、视觉和声音。

因此，在感冒时，您可以在技术层面上品尝一切。事实上，当无法闻到味道时，您对味觉便有了更强的洞察力。所以在感冒或者嗅觉丧失的情况下，您会更敏锐地品尝食物。没有嗅觉，您会失去非常重要的风味元素，这极大阻碍了您的感知能力。

这里有一个演示，可以解释味觉和嗅觉实际上是独立的，但是对于完整的风味体验而言不可或缺。

此演示需准备：
○肉桂粉
○小茴香
○五香粉
○盐

依次将少许香料放在盘子上。捂住鼻子，弄湿您的指尖，然后蘸点肉桂。继续紧捂您的鼻子，然后舔自己的手指。您可能几乎没有任何味觉，但您将会感受到粉末。

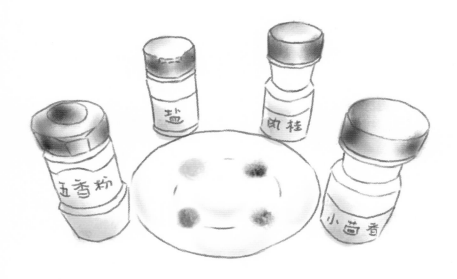

松开鼻子，然后呼吸。哇喔！肉桂。仅凭品尝无法识别，您需要依靠气味。您可以在感冒时品尝一切，而这时您失去了嗅觉，看似无法品尝。更具体地说，您现在可以获得肉桂的完整风味，从技术层面上讲没有味道。

下一步是思考肉桂的感知会让您想起什么，回忆到什么。某些食物，如南瓜、苹果派，或节假日？如果我在您嗅到肉桂的同时插入"机场"的想法，您可能会想到 Cinnabon 商店①里那些邪恶的、软软的、黏糊糊的糕点（最好的感官营销！）。当我在土耳其的伊斯坦布尔进行这场演示时，许多参与者将这种气味与羊肉相联系。肉桂在那里通常用于准备美食，他们通常不跟美国人庆祝同样的节日，因此他们与我们的记忆没有关联。

现在尝试 2 号粉末小茴香——同样的操作。捂住鼻子，品尝小茴香，同样除了一些颗粒感外，几乎没有任何感觉。松开鼻子，吸气再呼气，是小茴香。您可能不会想到黏黏的面包和馅饼，但可能会被提示墨西哥食

①美国连锁甜品店，主打肉桂炼奶甜甜圈。

物或可能是咖喱。您会将感知与您过去的个人经历相联系。在多人测试中，可能很多人不会立即将气味识别为小茴香——在我们的文化中它的地位不如肉桂。

现在开始 3 号！捂鼻子，舔手指，尝味道。仍然什么也没有。继续……等等——这很复杂！可以定义为单一气味，如肉桂、小茴香、覆盆子、橡木、酒香，不过最好定义为气味的组合。五香粉通常有八角、丁香、四川辣椒和小茴香，但有很多变化。由于多种香味的复杂性或所谓的酒香，因此难以区分单个元素或香味。

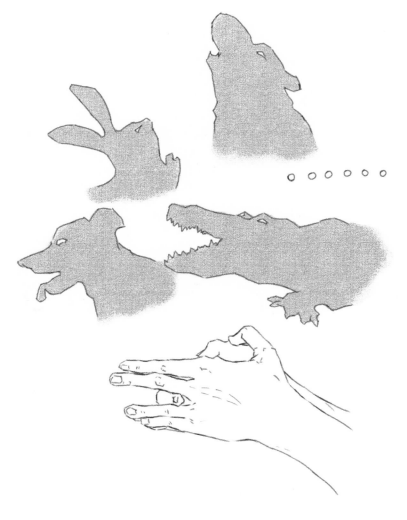

对于葡萄酒痴迷者来说，这些定义比目前用于区分"芳香"（葡萄的次级气味）和"酒香"（与发酵和陈化有关的初级和三级气味）的定义更有用，后者常见于葡萄酒书籍或葡萄酒教育课程。全新葡萄酒品鉴原则对"芳香"这个词的使用更接近于其真实定义，或者像花朵一样的东西。"芳香"的词源将我们带回丛林或灌木丛中。

好——让我们回到调味料盘！捂住您的鼻子，尝点儿调味盐。您将立刻清楚地尝出差异！即便捂住鼻子，咸味作为基本味道也是最显眼的。根据您使用的调味盐，您甚至可能会尝到一点儿甜味，而超敏感型可能会尝到更多苦味。现在再次松开鼻子，气味的复杂性开始发挥作用。您将获得正在使用的调味料的全部风味：口感、气味和酒香。

从这次演示可以看出以下几点：

1. 从更正式或技术层面上看，嗅觉和味觉是完全独立的感知。

2. 事实上，我们感知风味，同时获得嗅觉和味觉，并且利用影响我们感知的其他感觉，以获取更明确的味觉体验。

3. 您的记忆定义了您能够和不能识别的内容。您的经历甚至情绪都有助于识别过程。您与自己所体验到的感觉联系在一起。

4. 您的思维使用感官提示，尤其是嗅觉、视觉和听觉，来构造对未来经历的期望。当您走进某人家中并闻到肉桂味时，别指望烤箱里有比萨。当被告知关于葡萄酒成本或评级的某些事情时，您对葡萄酒的感知会有变化。

5. 你的感知是个性化的，不适用于其他人。

许多人可以看着花架或花束识别每种类型的花：牡丹、金银花、鸢尾、黄孔雀、德尔菲娜、小苍兰、郁金香，甚至玫瑰或山茶花的特定变种。我不属于这些花迷之列。我不得不在谷歌搜索花名，并且只能想出这个清单！爱花人士通过学习和观察来识别花朵，葡萄酒也概莫能外。花卉专家是否比那些叫不上花名的人更能欣赏野花？未必。事实上，拥有大量专业知识的人也可能会在尝试识别所有品种时变得局促，为了试图用自身的花卉知识给别人留下深刻印象，他们甚至可能会更少涉足广阔的花卉领域。为此我要说，是时候让葡萄酒专业人士停下脚步闻闻玫瑰花香了，或玫瑰葡萄酒，都可以。

您可以记住这些葡萄酒术语，届时聚会或品鉴会上可以秀一把：腻歪、木馏油、湿袜子、空灵、黏性、激光般、苍翠、落水狗、统一、富足、石质、干燥、油性和猫尿。我都没做到这一点。现在重温您的香料和花卉知识，成功！

学习和观察

另一个需要考虑的领域是，学习、总体观察和重点聚焦或深切关注如何改变我们的感知体验。学习和观察不会改变您的感官生理学特征。它们改变了感官信息的处理和评估方式，以及我们的描述能力，为我们的大脑提供关于葡萄酒的各种新的框架数据。传统的葡萄酒智慧意味着，训练有素的专家的"味觉"在某些方面具有优越性，并且专家意见优于普通葡萄酒享受者的评价和观点。胡扯，我说！学习、培训和经验只会改变感知焦点，同时制造越来越多的隐喻和框架。我断言，在特定条件下，除非与具有相似敏感性和偏好的人相匹配，否则评估和建议的意义会降低而非增加。

但是，等一下，不存在复杂的味觉吗？当然。不过这究竟意味着什么？是时候将我最喜欢的一个词分享到词源了：

> sophisticated，形容词
> 迷惑的，误导性的。
> 关于、用于或反映受过教育的品味、知识用途等：人们现在喝更多复杂的葡萄酒。
> sophisticate，动词（接宾语）
> 弱化自然、简单或天真，增强世故。
> 改变，扭曲：使某种意义变得复杂化，难以理解。

嗯。迷惑性，误导性，歪曲性。谁变得更世故了？请举手，你懂的。每当我在世故的葡萄酒饮用者的背景下听到或读到这个词时，都会窃笑。确实扭曲和堕落。

严格来讲，在体验新事物时，我们的关注点、注意力和观点会发生变化。如果有人认为拥有葡萄酒知识和更多葡萄酒词汇使他们优于其他人，那么他们就符合傲慢的定义："对自己的重要性、优点、能力等夸大其词；自负；骄傲自满：傲慢的葡萄酒专家、狂热者、偏执鉴赏家、专业人士等。"人们也可能存有傲慢的妄想，认定某些葡萄酒或葡萄酒观念拥有更多重要性或价值："他们的观点是，来自该地区／品种／风格／生产者的任何葡萄酒品质低劣或质量差。"

只要不是对自己或个人观点的"夸大其词"，个人观点或偏好就无须归为傲慢。

○"我讨厌甜葡萄酒"（或解百纳，或法国葡萄酒，诸如此类）是一种观点。

○"喝酒（任何葡萄酒）的人是天真／未受教育／菜鸟／假葡萄酒爱好者"，这代表傲慢。来吧，让我们将其摒弃，而不是支持它！

在此重申：不同的酒型人格流派意味着不同的大脑工作方式。不存在更好或更糟，只是不同而已。以下几点见解来自 Alessandro Castriota-Scanderbeg 等的某项精彩研究——《侍酒师对葡萄酒的品鉴：感觉整合的功能性磁共振研究》[①]，它研究比较了葡萄酒爱好者的感知行为与专业侍酒师的感知神经活动之间的差异。

我建议任何对感知神经学更感兴趣的人获取全文以及与感官知觉相关的类似作品。重点是，专业侍酒师沉迷于研究葡萄酒的特性，更注重品鉴葡萄酒的形式，而不像普通人那样体验葡萄酒。

研究人员正寻求评估训练有素的葡萄酒专家和日常葡萄酒消费者之间大脑活动和信息处理方式的差异。假定受过训练的专家使用不同的神经识别"策略"。先前的感官体验和集中培训相结合，提供"盲品"条件下正确识别葡萄酒的能力。

他们利用先进成像技术观察侍酒师和消费者之间的大脑活动差异。结果符合预期，"训练有素"的大脑对葡萄酒感官信息的处理方式与"未经训练"的大脑有很大不同。

　　"此项研究的初步数据揭示了这样的事实，味觉刺激（口味和气味）的处理基本上取决于根据先前品酒经验确定的不同策略。特别之

① 刊 载 于 *NeuroImage*，第 25 卷，第 2 期，2005 年 4 月 1 日，570—578 页，http://www.sciencedirect.com/science/article/pii/S1053811904007062。

处在于，侍酒师的特定能力（专长）可能与前额叶皮质和左侧杏仁核－海马复合体的激活相关，这两个脑区的不同感觉模式汇聚，并且与先前的认知、记忆和情绪体验相结合。这种结合可能会导致单一感知体验的自觉构建，从而识别出像葡萄酒这样的复杂饮料。"

接受过专业训练的酒型人格群体的大脑工作方式与普通人不同。不是更好（除非您想成为训练有素的爱好者、鉴赏家、痴迷者或专家），只是不同。就像某训练有素的花卉商与只是喜欢看漂亮花朵的人相比，大脑的工作方式不同。同时别忘了，您变得越不同，在与他人交流时记住这一点就越发重要。

气味的颜色和建议的力量

大概在十年前，我发现了来自法国波尔多大学的一项研究，它让我见识了建议的力量，后来又强化了构建环境影响框架的概念。再后来，当我开始深入了解莱考夫博士及其关于隐喻和框架的研究时，我将这两个概念融合在一起并且发现（拍额头），哇喔——两者结合起来时更有意义！

我现在与该研究成果的另一个作者弗雷德里克·布罗谢取得联系，我们正在进行切磋，并且开始联合研究消费者偏好、行为和态度。就在我写这部分内容的前几天，我们通过 Skype 进行正式接洽，我们像孩子一样兴奋地开始分享见解。

我想明确表示，此项研究的作者意图，以及我自己的意图，是为了验证人类大脑功能的现象。还有其他的可靠研究证明，即便样本风格迥异，例如白长相思、重度橡木红葡萄酒等，新手和专业人士仍然能够正确区分红葡萄酒、白葡萄酒和玫瑰葡萄酒。提出"气味的颜色"旨在证明，我们只是人类，而外部因素，例如只是看到葡萄酒的颜色，便会对我们的感知能力产生影响。

当这项研究见诸报端时，过度耸人听闻的头条中写道："葡萄酒专家不能区分红葡萄酒和白葡萄酒"或"葡萄酒专家发明在造假"。此项研究提供了关于框架和建议的力量的重要解读，都与人类自身密切相关。虽然斯坦福大学的研究已经考察了价格建议对消费者的影响，但此项研究却揭示了大脑收到关于颜色的视觉提示后如何处理气味刺激（即使是专家也不例外）。这一点符合本书中关于感官适应以及酒型人格和神经可塑性的前期讨论——由额外的环境感官信息带来的变化。

莫罗和布罗谢在法国波尔多大学进行了研究，涉及54位葡萄酒专家。每个人手上有两杯葡萄酒，白葡萄酒和红葡萄酒各一杯，他们需要描述每

种葡萄酒的芳香品质。这项实验的有趣之处在于，葡萄酒都是波尔多白葡萄酒，"红色"是人工添加的。

品尝者不限于使用描述性词语，并且获准将任何描述符应用于任一种葡萄酒。

不出所料，品尝者采用的描述符与每种葡萄酒的颜色相关，并且每种情况都有一些变化。

○白葡萄酒描述符包括荔枝、花卉、柑橘、苹果、蜂蜜、百香果、梨、香蕉、桃、黄油、金合欢等。
○红葡萄酒描述符包括香料、木材、樱桃、黑醋栗、胡椒、草莓、茴香、香草和李子。

我重申，54 名参与者都尝试了完全相同的葡萄酒：一杯白葡萄酒，另一杯是经无味着色处理的相同葡萄酒。

54 位参与者中有多少人说过："稍等，这些是完全相同的葡萄酒吗？"

一个也没有。没有。重申一下——这样做的目的是揭示思维的运作方式。并非专家在造假，愚蠢或不可靠。该研究适用于所有流派、性别、年龄和专业的酒型人格群体。不仅是葡萄酒，我们所感知的一切都受到外部因素的影响。

最近我又收到了弗雷德里克·布罗谢关于其正在进行的新研究的电子邮件。"我正在测试来到波尔多大学的葡萄酒专业人士，以提高他们的水平，当然是在不太精确的条件下，不过现在大多数专业人士都知道了这项实验，只有那些根本不喝葡萄酒的人通常会说'但是这些葡萄酒闻起来一样'。这些人没有陷入'条条框框'（葡萄酒词典），因此可以更清晰地判断。"他观察到这些情况。这意味着，接受过较少正式培训的人较少用与葡萄酒颜色相对应的单词填充红葡萄酒或白葡萄酒"框架"。

作为"气味的颜色"调查结果的参照，研究人员 Jordi Ballester 等于 2009 年进行了一项精彩的研究。对于有兴趣深入学习和了解葡萄酒描述的人来说，其研究成果（《颜色的气味：葡萄酒专家和新手可以区分白、红和玫瑰葡萄酒的气味吗？》）值得一看。此项研究还表明，未经培训的葡萄酒饮用者识别红、白或玫瑰葡萄酒的能力几乎与训练有素的专家无异。

在获悉某些东西比最初想象的更有价值时，我们的行为会很快变化。请记住，这是种简单而平常的人性反应。

我越是深入研究环境、价值体系和有关生活经历的记忆对偏好和行为的不可思议的影响，我就越能从研究中看透人性。

想象一下，您在某人的房间里拿起一个小雕像，他说："小心，这是 17 世纪的文物，价值数万美元。"当您小心翼翼地放回小雕像，甚至离它更远时，您对小雕像的行为和感知便在一毫秒内发生了变化。此外，您可能想知道，什么样的白痴会把这么有价值的东西放到可能被人摔碎的地方？为什么他住这种房子却买得起这么有价值的东西——他的钱哪里来的？我们所需要的只是一点儿提示，以开启我们的想象力。

即使专家"盲品"葡萄酒，这意味着他们不知道是什么酒，他们处于盲目的品尝环境中，并且被一群像我们这样的极客所包围，这改变了他们的感知焦点和敏感性。我们经常见到葡萄酒评委在葡萄酒评估期间坐同一张桌子，一个坏笑、微笑、冷笑或皱眉就可以让其他评委重新考虑自己的打分。

当然，看到葡萄酒标签，价格标签或评级都可以深刻地影响我们的看法。这种情况发生在盲品结束时，每个人都试图为与其他评委完全不一致（甚至有悖于他们最珍视的葡萄酒偏好）的打分而辩解。

人类的共同点在于，感知为我们提供了有效信息，驱使我们试图处理、理解、评估和预测生命的起源及未来。我们的感官配置各有千秋。我们并非都将同样的信息发送至大脑，不过我们发现那一点很难想象。当然，我们的价值体系、宗教信仰、文化、种族、性别和语言都局限于自己的经历，但我们会试图说服别人"我的观点是正确的，我的主张应该获得认同"，例如："我的宗教，我的政党，甚至我的酒窖都比你的好！"这是一种自以为是，也是人类最终会互相残杀并开战的根本原因。不过好像跑题了。

我希望您从本章中获得以下认知：葡萄酒只是用来享受的。有些人喜欢葡萄酒，其他人则无感。有些人研究葡萄酒，其他人则没兴趣。有些人推崇并收藏葡萄酒，其他人则不盲从。有些人喜欢浓烈的高评分葡萄酒，而有些人则喜欢甜美的淡粉葡萄酒。

第七章 让葡萄酒匹配用餐者，而非晚餐

改变餐酒搭配规则

现在您已获准爱上中意的葡萄酒，下面就来揭穿包含在餐酒搭配中的集体妄想式的神话和误解。决定哪些葡萄酒与餐食搭配已经演变成复杂且常令人困惑的艺术。观点往往是激烈和情绪化的，并且对于每一位专家建议的餐酒搭配，都会有反对意见，建议永远不要尝试这种搭配。就专家们对葡萄酒世界的混淆视听和复杂化程度而言，没有比餐酒搭配更好的例子。

关于如何享用葡萄酒，以及如何进行餐酒搭配的建议、态度和意见涵盖了几乎无限的选择范围。从简单的态度，"喝并吃您喜欢的东西"，到用他们自己的语言、仪式、规程和礼仪来表达激烈的情绪化观点，关于餐酒搭配的专家意见无所不包。无论自己的立场如何，关键要切记尊重他人的意见。

葡萄酒专家的丰富想象力

以下是我从各类葡萄酒和食品网站搜集到的关于令人困惑的和矛盾观点的案例。它们代表了不同葡萄酒爱好者的观点，旨在努力帮助消费者在进行餐酒搭配时做出正确选择。以下是专家的一些语录：

○为了避免判断错误总会引发的尴尬，请恪守这些经典规则（暗示不遵守规则是不合适的）。最著名的规则之一则是红葡萄酒与肉搭配，白葡萄酒与鱼搭配。
○餐酒搭配的第一条规则是没有规则。
○学习规则。
○忘记规则。

〇赤霞珠和巧克力的组合完胜性爱。

〇赤霞珠加巧克力是有史以来最糟糕的组合之一。

〇用您喜爱的葡萄酒搭配任何您认为合适的食物。

〇某些葡萄酒和食物中的芳香分子充当感官桥梁的角色。

那么，您该相信谁？

几乎所有的餐酒搭配原则通常都出自善意而真诚的葡萄酒和食品爱好者及专业人士的丰富想象。我知道这将引发视餐酒搭配如命者的强烈不满。我知道，您体验过的搭配必定有好有坏。我知道您承认选择"正确的葡萄酒和菜肴组合"是必要的。

从明确食品和葡萄酒之间的"桥梁"因子，到比较葡萄酒和食品分子结构的惊人分析，事态完全失控。错误的信息、错误的前提和错误的解读都史无前例。

了解酒型人格并重新尊重个人偏好将是葡萄酒享受回归个性化的第一步。下一步是通过摒弃我所理解的所有不合理的理论或心灵鸡汤，恢复葡萄酒在餐桌上的合理地位。

改写葡萄酒和食品历史

20 世纪中叶前，食物和葡萄酒的搭配更加随性且很少做作。从早期记载中可以清楚看出，正餐期间供应的葡萄酒遵循了得体的秩序，并没有严格的餐酒搭配原则。红葡萄酒肯定会搭配红肉，但同时也提供甜或干白葡萄酒。您是否知道法国人喝的波特酒比其他任何国家的都多，并且最常用作餐前酒？

《拉鲁斯美食大全》中的摘录表明，一场盛宴上，客人可以选择精致的干红葡萄酒或甜白葡萄酒："搭配餐后甜点，可以是波尔多拉菲（Bordeaux-Lafite）、罗曼尼（Romanée）、埃米塔日（Hermitage）、罗帝丘（Côte Rôtie），或者如果客人喜欢，还可以选择波尔多白葡萄酒、苏玳、圣佩雷（St. Péray）等。"其意图是将葡萄酒与就餐者匹配。

在欧洲的葡萄酒文化中，当地葡萄酒会搭配当地美食。更有可能的是，您的家人每天都会用同样的葡萄酒搭配牛肉、羊肉、鱼或奶酪。正式晚宴上，我们会提供各种葡萄酒，但是请在确定哪种葡萄酒适合这种场合时，始终考虑到客人的需求。

随着葡萄酒在美国越发普及，我们为消费者创造了基本规则以促进葡萄酒和食品享受（其实是销售）：红葡萄酒配红肉，淡酒配清淡菜肴或混搭葡萄酒配混搭食谱。几乎不可能在意大利餐厅出现一张桌子，上面铺有老派的方格桌布，摆放着基安蒂（Chianti）葡萄酒。然而，在 20 世纪 80 年代，随着这些简单的规则演变成越发复杂和矛盾的关于搭配什么及其缘由的执念，事态就越发失控。餐酒搭配开始成为新的艺术形式，并最终成为令人生畏且存在潜在危险的雷区，一旦毫无戒备的可怜消费者或主家犯错，用错误的葡萄酒搭配错误的食物，随时可能引爆。

是时候摆脱餐酒搭配的神话，回归包容和好客的基本准则了："如果客人更喜欢……"

您没必要寻找完美搭配。请记住，无论如何，不同的人都会对葡萄酒以及相应搭配产生不同的看法。一些人会欣然享受的餐酒搭配，而其他人则会安静地，或者不那么安静地忍受痛苦。事实上，您某天选择的餐酒搭配可以在第二天完全变味。

这是否意味着用任意葡萄酒搭配任意食物，没有规则？不，绝非如此。不同之处在于您可以自己制定规则。我将要介绍的是可复制的味道相互作用"原则"。然后，您可以自主决定某些组合是否可行。讨厌红葡萄酒，即便是搭配牛排？将它排除。喜欢红葡萄酒搭配牛排？接受它。讨厌白仙粉黛？排除它与任何食物搭配的可能。喜欢白仙粉黛？用它搭配任何食物。您认为必须由淡雅的雷司令来搭配寿司的美味？接受它。您尽管决定并制定适合自己的规则。

全新葡萄酒品鉴原则的基本前提是，您应该能够在任何就餐场合饮用您喜爱的葡萄酒。成功的餐酒搭配的评判标准是口味平衡而非匹配成分。这一点做起来很容易，事实上您会发现，这是意大利和法国等葡萄酒文化发展出的基本烹饪习俗。

餐酒搭配基础

食物对葡萄酒的感官影响几乎完全取决于食物中主要口味的平衡：甜、酸、咸、苦和鲜。这些元素与葡萄酒的相互作用表现在葡萄酒口味强度的增加或减少。如果相互作用令人满意，那么这就是很好的匹配。如果它令人不悦，则是糟糕的匹配。除此之外，则是充满想象力、集体妄想、隐喻和个人经验的世界。

当甜味和鲜味在菜品中占主导地位时，葡萄酒会变得更淡、更苦、酸涩和令人不悦。就大多数人而言，酸味物质（如柠檬）和盐也有助于减轻苦味、酸味、涩味和烧灼感，并且增加葡萄酒的层次感和柔顺度。它们是口味平衡不可或缺的一部分。

食物和葡萄酒形成口味的阴阳两极，平衡及和谐很重要。

当您开始探索葡萄酒时，您最有可能会用它来搭配食物，而关于葡萄酒的一个重要谬见便是它很难与中国食物搭配。虽然食物确实可以影响葡萄酒的口味，但更重要的是要记住每个人的口味都不一样，您自身的酒型人格会影响不同的食物和葡萄酒组合。

鲜味是天然的可口或成熟味道。如果您不熟悉鲜味，可以分别品尝未加工的蘑菇以及在没有任何调味料或油的情况下微波炉中烤制 30 秒的蘑菇。后者会给您鲜味体验。肉类、软奶酪、蘑菇、番茄和芦笋都极其鲜美。

食物中的甜味是造成令人不悦的酒和食物相互作用的罪魁祸首。在经典法国菜中，除甜点外，您很少会在食物中发现任何甜味。这就是为什么在用甜点搭配葡萄酒时，有必要确保葡萄酒比甜点更甜，否则对大多数人来说，葡萄酒会变得相对干性和令人不悦。

食物的苦味增强了葡萄酒的苦味，但是苦味的感觉因人而异。一个人发现的可怕苦味可能无法被另一个人感知。超敏感型人群会经常抱怨令人不悦的苦味，而宽容型人群会忽视这种相互作用。

化学敏感性，烧灼感，例如食物中的辣椒热，会增强葡萄酒的苦味和涩味，它的酒精含量和个人敏感度直接相关。超敏感型人群会经历增强的烧灼感，而奇怪的是，宽容型人群会从同一组合中察觉到甜味。值得注意的是，对于许多人而言，这种热会导致令人愉快的化学物质释放到血液中。对某个人而言的烧灼感和不愉快经历可能为另一个人提供与跑步者的亢奋相关的感觉。

感官适应

好了，现在是想象时间！想象跳进游泳池的感觉。它通常有点儿冷，但只要花点儿时间和精力就可以适应温度，并且它几乎不像最初看起来那么糟。现在去跑步并且在洒水器下玩耍。哇！好凉快！发抖。快跳回游泳池。感觉有什么不同？大多数人都明白，与之前的感觉相比，它似乎会比第一次跳入游泳池时更加暖和。温度没有变化，只是您的感知变了。

另一个例子是考虑您开车时经常走的路线。由于审美疲劳，一路上您会对车外事物视而不见。日复一日，您经过相同的建筑物、标志、树木和景观。但是，如果出现问题或差错，您便会注意到。我清楚地记得自己从迈克尔·奥马霍尼博士那里了解到这种现象，他是加州大学戴维斯分校的教授。作为我最早的感官导师之一，他致力于研究感知和大脑处理以及它们与感官和消费者测试的关系。

此外，迈克尔是 20 世纪 80 年代后期第一批帮助我探寻并理解鲜味品味现象的专家之一。他还向我介绍了精神性感觉的现象，即我们的思维如何与我们的感官一起处理感受器发送的信息。特别令我着迷的研究领域是，我们在特定条件下对感觉的感知如何各异，有时会是戏剧性的。

这被称为感官或神经适应，它可以解释大脑对重复或持续刺激所做反应的变化。感官适应会影响我们所有的感觉。它可能涉及物理变化，例如我们的瞳孔会调整到背景光线的水平，以帮助我们在光线变暗时看清周围事物，而松弛或绷紧我们的耳膜可以保护我们免受摇滚音乐会高音量的伤害。

感官适应还可涉及处理感官信息的方式。似乎我们的大脑经常有太多感官信息需要处理，并且倾向于调整一些东西以防止过载。

在我们吃喝时，我们的大脑会不断改变它处理感官感受器发出的信息的方式，并且很可能会引起受体本身的变化。葡萄酒和食物的"因果关系"是基于对放大和减弱的综合性感知的理解。

以下是感官体验的一些常见例子：

1. 拜访有着吵闹孩子的初为人母者，看看她是如何平息事态的。

2. 先刷牙，然后喝橙汁。曾经甘甜而令人愉悦的橙汁，现在非常苦和酸。（如果您不知道我拿牙膏和橙汁举例子的意图，那您就属于极少数从未尝试这种组合的人群。不过请试试看：刷牙，然后喝些橙汁。）

3. 先在粗糙的沥青路面上玩轮滑，然后转到平滑的水泥路上：嗯，相比于在沥青路上，这种感觉非常稳！

4. 打个比方，您在家煮些鱼，然后外出跑步和办点儿事，当您回屋时，熟鱼的味道会让您满面红光。

现在就试试吧！
Tim 的龙舌兰戏法

这种简单的感官适应示范在很大程度上改变了有关餐酒搭配的传统智慧，这意味着您不必再拘泥于特定的餐酒搭配。您只需一杯葡萄酒（最好是像赤霞珠这样的浓烈红葡萄酒），一片柠檬或酸橙以及盐罐。

放些盐和酸橙汁在手背上。啜一口葡萄酒，然后舔盐和酸橙汁，接着再啜一口酒。那就是了！葡萄酒会变得更柔顺，口感更有层次，并且极有可能更美味。

这是"口味平衡"的快速介绍。我不建议您每喝一杯葡萄酒时都舔酸柠檬汁和盐，但酸味调料和盐（比加入食物中的量要少得多）可以将葡萄酒软化至"恰好"匹配食物的程度。您可以坐在餐厅或家中这样做，以便使您真正想喝的葡萄酒美味可口，匹配您真正想吃的食物。

> 这种酸味调料和盐的平衡是欧洲每种古典美食不可或缺的组成部分，在那里，葡萄酒在餐桌上起着至关重要的作用。添加极少的酸味调料和盐通常会使您的食物更加可口，也会令您钟爱的葡萄酒变得柔顺而美妙。

葡萄酒和食物的搭配引发了一系列的适应性。不断向大脑重复发送的信息，例如酸味，将抑制我们对刺激源的敏感性，也会使得同时饮用的葡萄酒相对没那么酸。而如果食物是甜的，则会强化酸味。餐酒搭配的好坏将取决于口味改变的强度，以及您是否喜欢自己所经历的变化。反过来，您的评估取决于个人敏感度以及您对葡萄酒品尝方式的期望。

我明白的另一件事就是，感觉可以被抑制，直到另一种感觉"唤醒"您的大脑。请将脚放入浴缸的热水中并保持不动。没过多久，您的大脑便会适应温度。这时移动您的脚，水似乎再次变"热"。热水的持续刺激可以抑制您的触觉。当您移动脚时，皮肤会感受到压力变化，而这种新的刺激源将削弱您对水的热度的敏感性，使水感觉起来再次变热。同样，将温和的盐水暂时含在嘴里一会儿，您会发现咸味变得不那么明显或者消失了。然后移动您的舌头，您会发现咸味感又回来了，因为周围的扰动重新引发了触感。

味觉影响因素还包括一天中不同时间段的其他身体适应，以及身体或心理调节。我们每个人产生唾液的速率都不一样。当处于疲劳或压力状态时，我们的身体往往产生较少唾液。我们的唾液含有氯化钠、氯化钾和蛋白质，这些化合物对我们品尝的许多东西起到缓冲作用，不过由于感官适应，我们不会在唾液中品尝到这些化合物。当唾液减少时，我们会对所品尝的葡萄酒和食物中的酸味、苦味和涩味更敏感。

感官适应是决定餐酒搭配效果的根本原因。明白口味平衡的简单原则并理解感官适应的原理为我们以明智的个性化方式来享受葡萄酒和食物开辟了一个新的世界。我所说的我们应该忘记餐酒搭配的"规则"就是这个意思，不过，也要意识到有些原则可以帮助人们按照自己的想法享用葡萄酒。

第一个原则是，认识到某些葡萄酒与食物组合会加剧或抑制葡萄酒的主要口味：甜、酸、苦和鲜（葡萄酒中几乎很少或者没有咸味）。

其次，最值得注意的是，对大多数人而言，主要影响是葡萄酒对食物的反应。有些人可能会在葡萄酒背后体验到食物口味的差异，当然这取决于食物和葡萄酒口味强度的平衡。我在这里补充说明，"酒体饱满的葡萄酒会抹杀一道精致菜肴的口感"或者"一块红肉或刺激性食物会盖过葡萄酒的味道"的说法在很大程度上是隐喻的，根本就不是事实。鲜味食物会抑制葡萄酒中的鲜味和甜味，使它们变得脆弱和平淡。只需利用下一节中提及的技巧，即可恢复葡萄酒的平衡与和谐。看，是不是很简单？

口味平衡

口味平衡意味着在准备食物时以正确比例添加增强（甜和鲜）和抑制（盐和酸）食物口感的成分。这一点可通过使用兼容任何食谱的天然普通调味品来实现。盐、柠檬、芥末和醋通常就放在桌上。这确保了用餐者精心选择的葡萄酒与食物的搭配美味可口。

这并不意味着您应该喝一种自己不喜欢的葡萄酒，或者放弃自己喜欢的餐酒搭配！

在您打破禁忌前，要知道许多大厨已经尝试考虑这个提议，同时审视前提并彻底理解原则，只为得出相同结论。就制作美味食物而言，口味平衡是有道理的。口味平衡的例子可见于任何地区的经典食谱和区域实践，其中葡萄酒是美食的重要组成部分，它有助于人们同时享受食物和葡萄酒。想要浓烈红葡萄酒搭配肉类？就这样做！

感觉自己只需要爽口干白葡萄酒搭配牡蛎？我想您也该试试！只是别认为可以侵犯别人选择自己所喜欢葡萄酒的权利。回到 100 年前的习俗，与我们今天会想到的干葡萄酒一样，甜苏玳被认为是牡蛎的合适配酒。

口味平衡并不新鲜。它是一种简单的烹饪技术，也是法国和意大利经典烹饪的基础，并且几乎融入每个葡萄酒随美食一起进化的国家的食谱中。例如，牛排极其鲜美。什么是搭配厚实牛排的常规推荐？当然是浓烈的红葡萄酒。将蛋白质分解成提鲜核苷酸的老化过程进一步强化了可口怡人的鲜味。通过老化更高质量的肉排，您在强化鲜味，它使牛肉对我们大多数食肉动物而言是如此美味，但实际上它也是最有可能使葡萄酒味道变淡和变苦的罪魁祸首，除非在烹饪时加入抑制苦味的盐，或者餐桌上有盐罐。

尝试制作不加任何盐的真正高品质牛排，再尝试赤霞珠或其他的浓烈红葡萄酒，然后是未腌渍牛肉，然后又是葡萄酒。大多数人会发现，肉的蛋白质和脂肪会使葡萄酒更柔顺，更令人愉悦。事实上，对于大多数人而言，葡萄酒变得更涩和更苦。

在意大利，佛罗伦萨大牛排（Bistecca alla Fiorentina）传统上会搭配柠檬。柠檬的酸和少许盐使牛排与一杯基安蒂完美融合。那便是口味平衡。配上未调味的牛排，您会发现加入盐和柠檬会使牛排更加美味，而您的葡萄酒也会变得柔顺和美妙。红葡萄酒和红肉"完美"组合的错觉与肉几乎没有任何关系，相关的只是我们放在牛排上抑制苦味的盐。请再尝试用一块羊肉、家禽肉、猪肉、鱼或蔬菜进行相同实验，您会获得相同结果。

另一种极其鲜美的食物是芦笋，它通常被认为对葡萄酒"不友好"。向芦笋中加入柠檬会使其完全"友好"。勃艮第的酸葡萄汁、芥末和葡萄酒酱汁，阿尔萨斯的醋，以及将柠檬汁挤在波尔多特色蘑菇上是口味平衡的其他例子，通过增加酸味使食物和葡萄酒共同创造更可预测的良好口味组合。

对之前没有类似尝试的人来说，在此不妨尝试"Tim 的龙舌兰戏法"的做法。

在极端情况下，过多的酸味也可以维持葡萄酒清淡口感的平衡，虽然它常常恢复高酸味葡萄酒的平衡：是醋与木樨草的组合，而非牡蛎本身，使牡蛎和酸味白葡萄酒的搭配如此受欢迎。

口味平衡就是，您已经获得适量的鲜味和甜味，以及符合您个人偏好的适量咸味和酸味，这时可称食物是平衡的。通过调节酸味和咸味的平衡，可以确保美味、均衡的食物搭配几乎任何葡萄酒都很棒（只要客人喜欢）。

1. 甜食

甜食包括甜酱料、甜豆酱调味的食物、蜂蜜以及水果和甜点。如果您希望在搭配食品时甜葡萄酒可以保持其甜味，请确保葡萄酒比食物更甜。甜葡萄酒与食物的相互作用类似于葡萄酒与鲜味菜肴。

甜葡萄酒	淡雅葡萄酒	柔顺葡萄酒	浓烈葡萄酒
葡萄酒将变得不那么甜，更苦，口味更重。	葡萄酒会变得寡淡，经常无味——更苦，缺层次感。	葡萄酒会变得不那么柔顺，味道也不那么醇厚。	葡萄酒变得口味更重，甚至有烧灼感。

2. 富含鲜味的食物

当一道菜有很多鲜味时，葡萄酒的反馈可能是非常冲和令人不悦。味道浓郁的炖菜、蘑菇和新鲜海鲜都有浓郁鲜味。一般而言，您的葡萄酒尝起来会更加苦、酸和涩。当食物同时具有甜味和鲜味时，这种反应甚至更加显著。

甜葡萄酒	淡雅葡萄酒	柔顺葡萄酒	浓烈葡萄酒
葡萄酒将变得不那么甜，更苦，口味更重。	葡萄酒会变得寡淡，经常无味——更苦，缺层次感。	葡萄酒会变得不那么柔顺，味道也不那么醇厚。	葡萄酒变得口味更重，甚至有烧灼感。

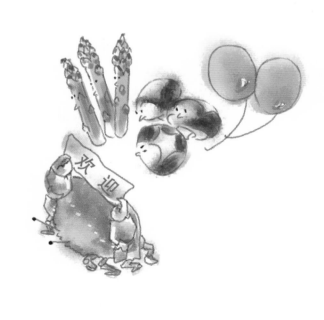

3. 酸味和咸味的食物

这些口味多见于酱油、醋、酸橙和柠檬，还包括许多特别腌制和保存的猪肉、鱼类菜肴。咸和酸的食物或酱汁通常是葡萄酒的最佳搭档。最好不要使用甜酱油，因为甜味会抵消菜肴中的咸和酸味。

甜葡萄酒	淡雅葡萄酒	柔顺葡萄酒	浓烈葡萄酒
甜葡萄酒的口感会更甜，更醇厚。	葡萄酒变得圆润、柔和、细腻。	葡萄酒变得更加细腻，味道更浓郁。	葡萄酒变得更加细腻，同时保持丰富的口感。

4. 辣味食物

在中国，几乎每个地区都有许多知名的辛辣菜肴。需要重点注意的是，辛辣菜肴的烧灼感可能会使葡萄酒的口味更重。如果您喜欢这种烧灼感，这不是问题。但是很多人发现更清淡，甚至甜的葡萄酒，会更令人愉悦。

甜葡萄酒	淡雅葡萄酒	柔顺葡萄酒	浓烈葡萄酒
这种组合通常是令人愉悦的，并且减轻了香辛料带来的烧灼感。	这是明智之选，因为葡萄酒的味道变化不像更浓烈的葡萄酒那样明显。	这种组合很大程度上取决于葡萄酒的酒精度。更高的酒精度会导致更高程度的烧灼感，特别是对于敏感型人群而言。	辛辣食物可以使这些葡萄酒的味道更浓烈。有些人可能喜欢，但其他人会厌恶。

重要的是记住：这些影响显著地因人而异，这取决于他们的酒型人格。永远记住，对您来说的美味，可能会让您旁边的人觉得很可怕。它是人类口感之谜的一部分。

试着验证：

要体验酸味对葡萄酒的影响，请尝试这个简单实验。您需要一杯葡萄酒，一点儿泡菜或一片柠檬，以及一点儿盐，或一点儿酱油和醋（确保没有加甜）。这些是高酸度和高咸度的成分。请品尝您的葡萄酒，然后搭点儿泡菜、柠檬以及盐或酱油和醋，然后再品尝葡萄酒。葡萄酒怎么了？它通常会变得不那么浓烈，并且更美味和令人愉悦。

这是一个经常让人诧异的小测试，有助于人们了解食物口味和葡萄酒口味的平衡之道。在欧洲，盐和柠檬的使用非常随意，而在中国，用酱油和醋也可以实现同样的和谐。

如果您发现了自己真正喜欢的葡萄酒，不过也注意到它与您正在吃的食物会产生令人不悦的反应，该怎么办？有时，您需要做的是使味道恢复和谐，并相互平衡。一种简单的办法是在食物中加点儿盐或酸味。在西方，践行这种"口味平衡"理念的厨师会使用柠檬为菜肴加点儿酸味。举个例子，在意大利，有一种叫作佛罗伦萨大牛排的名菜。它是佛罗伦萨市郊山区某种牛肉制成的牛排，配上柠檬和盐，这两种元素均衡、适量地添加到食物中时，对葡萄酒的口感有着近乎神奇的影响。盐和柠檬的酸，为这种肉中的丰富鲜味提供平衡，以防止可能对葡萄酒产生的负面影响。这样一来，肉与葡萄酒一起品尝就很美味。在法国、意大利和西班牙以及整个欧洲地区的食谱和食品传统中有许多口味平衡的例子，而葡萄酒在传统上则是日常生活的一部分。

在中国，和谐与平衡的思想更多地融入生活，因而相比西方更能被接受。这种影响在烹饪传统中很明显，因此，准备食物的厨师会力求口味的平衡，如甜和酸。

中国餐馆的餐桌上常见的醋和酱油同样扮演着提供酸味（醋）和咸味（酱油）的角色。虽然许多人不希望改动厨师准备好的菜肴，不过稍微调整食物口味的平衡是使其与您选择的葡萄酒和谐搭配的好方法。

葡萄酒和食物的搭配显示出口味的平衡之道，而最成功组合的秘诀在于保持葡萄酒口味的和谐与平衡。这些范例中，令人愉悦的组合有多种可能性，并且始终以每个人的个人口味为基础。

在下文中，您可以验证各种口味如何相互作用。这是一件趣事，请确保与他人一起来完成，这样当葡萄酒与食物一起享用时，你们都可以体验到口味的平衡之道。如果有不同的参与者，一定要让每个人确定自己的酒型人格，如此你们便可以讨论每个人喜欢哪些葡萄酒，以及不同口味的相互作用如何因人而异。

现在，如果您愿意，您可以尝试更深入的验证，以探索食物风味如何影响葡萄酒的口味。为此，先购买一些不同风格的葡萄酒，种类尽量包括：

○甜葡萄酒：含有 2.5%～ 5%残糖的莫斯卡托是很好的选择。
○淡雅的干白葡萄酒，如赤霞珠、长相思。
○口感丰富而柔顺的霞多丽、黑皮诺或非常柔的梅洛。
○浓郁红葡萄酒，如赤霞珠或波尔多红葡萄酒。

您将同时需要以下食物：

○鲜味：中等大小的白蘑菇，每人两个，一个生吃，另一个煮到松软，不加调料。

○更多鲜味：樱桃番茄，切成两半。

○酸味：柠檬，切成楔形。

○ 盐。

○甜味：无籽红葡萄。

品尝葡萄酒，每种只需小啜一口。您最喜欢哪种葡萄酒？其他的怎样？比较你们的观点，不过请记住，这并非确定一种葡萄酒是否比另一种更好的练习。它只是便于葡萄酒风格演示，以及讨论谁喜欢哪些葡萄酒和喜欢的原因。

现在来尝试一些实验：

1. 啜一口浓烈红葡萄酒，再吃葡萄，然后再品尝一下葡萄酒。发生了什么？您注意到甜食会让葡萄酒变得更浓郁吗？

2. 相比尝试用淡雅干葡萄酒或甜葡萄酒搭配甜食，首先尝试浓烈的葡萄酒会产生更强烈的反应。

3. 回到您最爱的葡萄酒，然后啜一口。现在，请先舔柠檬，再尝一点儿盐，注意不要太多。然后再次品尝您最爱的葡萄酒，您注意到它对葡萄酒味道的影响了吗？

4. 尝试鲜味示范：学习识别这种微妙的美味感的最佳方法是咬一口未经烹煮的蘑菇，它的味道很平淡。然后再尝试煮熟的蘑菇。烹饪过程创造了天然鲜味。

5. 尝一口鲜味芦笋，它很鲜，因此被认为是"葡萄酒的敌人"。现在，啜一口您最爱的葡萄酒。在一群品尝者当中，您可能会发现大家对芦笋和葡萄酒之间的相互作用存在分歧。甜美型和超敏感型人群往往会产生不适。敏感型人群不太可能有感觉，而宽容型人群则很少遇到问题。在这种品尝中，参与的人越多，结果会越多样化。

6. 现在请在芦笋上加点儿柠檬和少许盐。品尝芦笋和相同的葡萄酒。您是否发现葡萄酒恢复了原有味道？现在，葡萄酒的口味平衡不仅恢复了，而且您可能会注意到，无论您是否搭配葡萄酒，芦笋的味道都会更好地匹配柠檬和盐。

7. 番茄成熟时会产生鲜味。请尝试用番茄和浓烈红葡萄酒进行这项实验。啜一口这种葡萄酒，然后咬一口番茄，接着再品尝葡萄酒。反应通常是有分歧的。有些人有种令人不悦的苦涩反应，有些人发现味道没什么差别，而有些人会觉得柔顺，味道更好。您呢？别人又如何？一小群人都

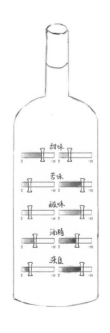

有如此不同的反应，这难道不奇妙吗？

8. 现在将番茄用少许盐和一滴柠檬汁调味。大家几乎一致的反应是，番茄味道更好，葡萄酒更柔顺，通常味道更好。

您还可以尝试用肉类、海鲜和鸡肉做这些实验。重要的是不添加任何调味料。例如，请注意当您尝试牛排配红葡萄酒时会发生什么。葡萄酒的味道会怎样？葡萄酒会变得不那么令人愉快吗？如果您给牛排加盐，会有什么变化？探索不同的口味，更多地了解自己的喜好，再看看其他人的反应有多么不同，真是其乐无穷的体验。请记住，就自己的口味而言，没有错误答案。

如果您喜欢高度辛辣的食物，也可以将其纳入实验。加点儿辣椒，甚至尝一道富含辣椒和其他香料的菜。先品尝葡萄酒，再品尝食物，然后再品尝葡萄酒。葡萄酒怎么样？

学会体验之道

有些人绝对会喜欢用莫斯卡托搭配牛排，而其他人只会相信唯一能与牛排搭配的是红葡萄酒。在葡萄酒和餐食搭配方面，隐喻和期望往往占据主导地位，乃至专家们都未曾有过这种体验。即便红葡萄酒的体验令人不悦，我们大脑的工作方式也会绕过体验本身，并忽视不愉快的体验：满足来自于隐喻，而非"做正确的事"的体验。这是一种自然现象，在生活中很常见，并且形式多样。

几年前，我在西班牙参加某葡萄酒活动。隆重的晚宴上，我发现自己坐在史蒂文·史普瑞尔旁边。他是英国葡萄酒专家，曾于 1976 年组织了巴黎葡萄酒品鉴会，纳帕谷的霞多丽和赤霞珠力压法国葡萄酒高居榜首。这是将加州葡萄酒推向全球舞台的盛会。

史蒂文告诉我，虽然他不能断定我正在谈论的内容，但是他听说过我关于口味平衡的理念。

当晚，晚宴菜单包括烤羊肉，搭配浓郁的西班牙红葡萄酒。按照现行标准，这是经典搭配。

我问他对该搭配的看法。"很好。"他说。

然后我让他真正关注它：他到底怎么想？

他啜一口酒，尝了口肉，然后再次品尝葡萄酒。"天哪，"他说，"太糟了。"我向服务员要了些柠檬和盐，然后我们将其轻轻涂抹在肉上。史蒂文再次品尝。他明白了。

因此，对于花了时间学习葡萄酒，特别是餐酒搭配的本书读者而言，要学会更多地关注实际感官体验。您接受的培训和教育可能会妨碍您的切身体验。

葡萄酒应该匹配用餐者，而非晚餐。

如果我们将餐酒搭配的游戏从试图发现葡萄酒和食物难以捉摸（想象）的"完美匹配"的艰巨任务，转变成为每个人提供巨大乐趣的更亲切的个人使命，会发生什么？如果我们的意图在于如何将就餐者与最佳葡萄酒推荐相匹配，而非为晚餐或菜肴搭配最佳葡萄酒，又该如何？请记住，这适用于任何关注葡萄酒和食物"匹配"游戏的人。这是双赢的局面。

当有人来我家吃午饭或晚餐时，我碰到的问题是："我该带什么酒？"我描述了我计划中的一顿饭，并告诉他们带上跟菜不相关的酒。这款葡萄酒应该是他们喜欢的，但可能会被认为是食物的灾难性搭配。

例如，我喜欢制作精致的鱼类菜肴，例如法式鳎目鱼卷：逐个制作的鱼卷用白葡萄酒烹煮，鱼原汁配龙蒿和蘑菇。客人带来的葡萄酒包括浓烈的洛蒂小西拉（Lodi Petite Sirah）和纳帕谷的赤霞珠，这些浓烈的红葡萄酒当时非常流行。我指的是真正浓烈的深红葡萄酒：那种会隐喻性地淹没、克制甚至抵消精致菜肴味道的红葡萄酒。多年来我招待过的客人中，不到百分之一的人会尝试用浓烈红葡萄酒搭配精致鱼片的效果。

口味平衡的单一菜品和红葡萄酒搭配的结果如何？美味食物，美妙葡萄酒。鳎目鱼很好吃。葡萄酒没有盖过食物的味道，食物除了使葡萄酒更加醇厚和美味外，不会有任何其他反应。大多数情况下，葡萄酒和食物的"灾难"搭配都是凭空想象。

牛排搭配雷司令或羊肉搭配灰皮诺也是如此。如果食物是绿色蔬菜，条件反应会是长相思。牡蛎配西拉？问问酿酒师肯布朗。多年前我们在埃德娜谷酒庄度过了一个下午，一群人在啜食新鲜牡蛎，搭配西拉和赤霞珠——本来应该与牡蛎"不相配"的东西。如果出现轻微的金属味或苦味苗头，极少量的新鲜柠檬汁会使葡萄酒口味恢复美妙平衡。有很多古怪的现象：一大群葡萄酒专业人士中没有一个人尝试过这种组合。

您自己试试吧！来吧，尝试为您的食物搭配错误的葡萄酒，反之亦可。您将会惊讶于从未想象过的美味搭配所带来的成就感。玩味食物是您的特权！

意大利番茄菜以及无国界料理和葡萄酒

这是另一个热门神话：红葡萄酒搭配红酱意大利面。看起来够简单。毕竟，意大利红酱拌意大利面和基安蒂是天然的经典搭配，不是吗？再想想。

仅意大利面的故事就是不断进化的历史。目前的观点是早期形式的意大利面为伊特鲁里亚人所熟知，而马可·波罗引入了新的面食制作形式，如面条和饺子，后来发展成意大利馄饨。

那番茄呢？它们必须永远回归意大利历史吗？不。番茄，以及茄子、辣椒和黄瓜来自新世界。一些消息来源实际上指向 1544 年，当时有确凿证据表明番茄首次来到意大利。番茄最初被认为是有毒的，因为它们是茄科家族的成员。这个假设显然出于很多餐具都是锡铅合金的事实，而铅被番茄中的酸析出导致铅中毒。早期番茄大多被用作观赏灌木。

意大利称呼番茄为"pomodoro"，意为"黄色苹果"。直到 18 世纪中期，才出现了红色番茄。在 1800 年之前，几乎没有任何使用红番茄酱的证据。而且，即便在今天，番茄也只是意大利南部文化的一部分，至于北方的托斯卡纳，则是基安蒂之乡。

许多葡萄酒和食品专家坚持认为必须首先确保番茄和红葡萄酒"不混在一起"。而同等数量的专家似乎有异议，认为它们是完美的搭配。对许多人而言，红葡萄酒的果味变淡，同时多了苦味甚至金属味。这里的错误假设是番茄的酸会导致这种效果。

而我的感官和鲜味研究表明，真实起因包括两方面。首先，由于生物学的个体特征，许多人没有经历过这种"不良搭配"。其次，如果食物中的酸味使葡萄酒口味更加柔顺和温和，它怎么能在番茄中变脸并产生相反效果呢？要纠正错误信息，在番茄上或盘子里加些柠檬汁，即增加酸味，即可恢复大多数葡萄酒口味的平衡。这是餐酒搭配现实与神话之间存在对立的另一个典型案例。

然而，番茄以及许多其他水果和蔬菜的成熟味道依赖于鲜味，而对这种现象敏感的品尝者似乎会对任何葡萄酒产生混乱的认知。

您可以亲自尝试。品尝意面酱和您真正想要的葡萄酒。如果葡萄酒味道寡淡且令人不悦，根据菜肴需要，可加点儿香醋或柠檬汁和一点儿盐。这时您的葡萄酒会立刻变得美味。

牡蛎和红葡萄酒

除非您属于甜美型和超敏感型酒型人格，否则尽情尝试牡蛎和红葡萄酒的搭配。首先品尝葡萄酒，再品尝牡蛎，然后再品尝葡萄酒。您越敏感，就越有可能发现葡萄酒变得苦涩和有金属味。这是相对可预见的结果，因为牡蛎很鲜。现在，像法国人那样：将牡蛎蘸少许醋，或者加点儿柠檬汁和少许盐。重新品尝，并且试试您的葡萄酒，我发誓，您会看到一个变化——红葡萄酒没有问题。

以下是关于我最爱的红葡萄酒和新鲜生牡蛎搭配的详细介绍。它发生于圣路易斯奥比斯波的帕拉迪葡萄园（Paradigm），当时正在举办葡萄酒和贸易活动。他们在那里放置了新鲜去壳的精致牡蛎拼盘供免费享用。我大摇大摆地走向牡蛎，手里拿着一杯深红色西拉，开始啜饮。有几个人评论说："您怎么受得了那个——这种组合不是很糟糕吗？"

我问他们是否尝试过用红葡萄酒搭配牡蛎，每个人都说没有，而他们只是听说这是一种可怕的搭配。集体妄想时刻！如果您想求证这个故事，请询问肯布朗，当时他是拜伦酒庄的酿酒师，现在则是肯布朗酒庄的酿酒师。看到经历过颠覆性顿悟者的表情很有趣。人们开始陆续来到房间的一角，看看为什么每个人都在笑。

而且，最重要的是，通常拼盘上与新鲜海鲜如影随形的是什么？新鲜柠檬。在法国，人们学会了备好木樨草汁，简单的葱加醋，有时加些香草和（或）香料，搭配新鲜牡蛎。这是更经典和更传统背景下同样的口味平衡实证。顺便说一句，在法国，牡蛎配甜葡萄酒也不错。

即使搭配您能想象到的最浓烈的红葡萄酒，带几滴柠檬汁的美味牡蛎也很棒。注意，不是每个人都适合。更多甜美型和超敏感型人群会发现，金属味以及令人不悦的反应无法减轻。不过，获得不愉快反应的正是那些视较轻烈度葡萄酒为首选的人，而且更倾向于淡雅柔顺的白葡萄酒。喜欢牡蛎搭配传统的缪斯卡黛、夏布利或其他清爽的白葡萄酒？请随意。您喜欢浓烈或甘甜葡萄酒吗？那就试一试。某种组合对您来说味道可怕吗？以后当心。对于葡萄酒痴而言，这些结果可能令人惊讶，并且牡蛎与许多葡萄酒的搭配如此美味是超乎想象的。肯布朗和我每次见面都会回忆起牡蛎的故事。

三文鱼 & 黑皮诺以及其他葡萄酒 & 食物的隐喻

黑皮诺与三文鱼是"完美搭配"的集体妄想，总的来说与黑皮诺的越发普及有关。这种"经典搭配"的盛行有诸多原因。美国西北部和加拿大西南部的人都是三文鱼和黑皮诺组合的坚定捍卫者，并且几乎所有的黑皮诺爱好者都会告诉你，这种组合具有天然亲和力。主要原因是美国西北部已经成为美味黑皮诺的最佳产区，而三文鱼则是本地的丰富鱼类资源。

我遇到过一些关于三文鱼和黑皮诺的可怕争执。众所周知，三文鱼口味很鲜美，不过这一点可以通过洒柠檬汁和一点儿盐来轻松处理。问题解决。我曾经在不列颠哥伦比亚省温哥华市的一家著名的精致海鲜餐厅举办葡萄酒和烹饪研讨会。他们的招牌菜是三文鱼片，涂上薄薄一层枫糖浆，在木板上煮熟。我询问过店家的招牌葡萄酒，不出所料，正是黑皮诺。我们都用店里最畅销的黑皮诺搭配这道菜，糟透了！后来厨师调整配方，在糖浆上加入柠檬、酸橙和盐，这时黑皮诺和菜单上的其他所有葡萄酒都变得柔顺爽口。

如果您向葡萄酒和食品专家询问什么鱼最适合赤霞珠，您会发现答案是最常见的金枪鱼。基于相对大小和肉色比较，以下是我对这种类似组合产生原因的猜想：

〇金枪鱼是大型鱼类。金枪鱼是我们想象中大小与牛最接近的鱼。赤霞珠通常被描述为大气葡萄酒。"大"酒配"大"食。
〇金枪鱼很重，赤霞珠经常被描述为厚重的葡萄酒。"重"酒配"重"食。
〇金枪鱼肉可以是深红色，而赤霞珠通常是深红色。"红"酒配"红"肉。
〇金枪鱼肉切成鱼排，经常烤制。赤霞珠配烤鱼排。

哇喔！葡萄酒和食物搭配完成。

现在，让我们对三文鱼和黑皮诺的搭配做类似解构：

○三文鱼通常不像金枪鱼那么大。黑皮诺通常不像赤霞珠那么"大"。

○三文鱼通常不像金枪鱼那么重。黑皮诺通常不像赤霞珠那么"重"。

○三文鱼不像大多数金枪鱼那样呈现暗红色，而且黑皮诺通常不像赤霞珠那样呈现暗红色。

○淡雅葡萄酒适合搭配鱼类，而黑皮诺则比"更浓烈"的赤霞珠淡雅。

说实话，我认为这是我们创造三文鱼和黑皮诺搭配的过程演绎。我通过无数次试验证明：可以点一份或自备美味三文鱼，然后搭配黑皮诺、赤霞珠、霞多丽、雷司令或其他您真正中意的葡萄酒。如果三文鱼的鲜味让您的葡萄酒有点儿苦涩和令人不悦，可以找一些酸味作料，如果您愿意，也可以添加一点儿盐，那么您的黑皮诺或其他任何葡萄酒都会变得美味。

土耳其的葡萄酒和美食冒险

土耳其葡萄酒专家的集体妄想是土耳其食品与葡萄酒不搭。多么局限，这可能剥夺了多少人的权利？在 2012 年的一次咨询访问期间，我受邀参加餐酒搭配晚宴。活动主持人发表了评论："当然，土耳其食物不适合搭配葡萄酒。"嗯哼！我们将会场从一家时尚但非传统的餐厅转至由土耳其家族经营的专门提供真正传统土耳其菜肴的餐厅。

在精致的伊斯坦布尔玛利亚花园餐厅，我们开始测试土耳其菜"与葡萄酒不搭"的理论，并展示了口味平衡如何恢复任意组合的和谐。土耳其人几乎在每张桌子上都放有盐和柠檬！我们选择了六种口味的葡萄酒：甘甜熟果阿尔萨斯（Alsatian），干白皮诺，澳大利亚霞多丽，淡红博若莱，西班牙的浓烈维嘉西西里亚（Vega Secilia），意大利的高度阿玛罗尼（Amarone）。

我们选择的是口感从温和到强劲的葡萄酒，然后我们吃了一盘又一盘食物，用阿玛罗尼（浓郁干葡萄酒）尝试蒸鱼，这太棒了。我们的菜肴中加入了酸奶、鹰嘴豆泥和橄榄。如果有点儿苦，一点儿柠檬汁和盐会使鱼变得更美味，而葡萄酒则完全恢复平衡。用餐结束时，我们完全破除了神话。土耳其美食、希腊美食、墨西哥美食，随便挑，搭配葡萄酒都会很美味。

餐厅的家族所有者很友善，并且主人尤努斯博士和他的搭档伯克·德斯科姆（侍酒师，热情的葡萄酒专业人士）对此都非常惊讶。顺便说一句，如果有人想在任何指定国家推广葡萄酒，您最不想做的事应该就是暗示葡萄酒不适合其特色菜肴。

葡萄酒与亚洲食物

下面来谈谈亚洲的食物。中国、日本、泰国、马来西亚、韩国，风靡亚洲各国的各种美食形式多样，不过它们通常被认为"对葡萄酒不友好"。然而，餐酒搭配专家一路前行，想出各种隐喻合理性，以实现亚洲菜肴和葡萄酒的搭配。

对许多亚洲菜肴而言，"对葡萄酒不友好"的态度似乎有据可依。这种概论特别适用于甜菜以及许多非常鲜美或辛辣的菜肴，而您却没有体验到少数人的酣畅淋漓。

类似于番茄和葡萄酒神话，葡萄酒和美食不友好的论据往往是不合理的，其实"罪魁祸首"是不恰当的操作。当少量的酱油就可以解决问题时，它却经常被针对，视作不协调的根源！酱油的咸味会迅速淡化葡萄酒中的单宁和苦味。尝试一下：尝一口葡萄酒，再来一点儿酱油，然后再品尝葡萄酒。柔顺。

为了证实对葡萄酒与菜肴"搭配"的看法多么因人而异，我从最近某次专家讨论的在线评论帖中整理了一系列为北京烤鸭搭配葡萄酒的推荐：什么葡萄酒最配北京烤鸭？以下是网络上的建议：

> 雷司令、长相思、教皇新堡（Chateauneuf-du-Pape）、俄勒冈黑皮诺、100%比诺莫尼耶香槟，阿尔萨斯调和酒、多塞托、成熟年份酒蒙塔西诺（Rosso di Montalcino）、桑娇维赛、澳大利亚起泡解百纳、琼瑶浆（Gewurztraminer）、歌海娜、干玫瑰（尤其是罗纳河）红葡萄酒、杜罗河的优质葡萄牙葡萄酒……不胜枚举。

我该信谁？

实际上，每个人都只是想起某道菜，然后自然想到了他们喜欢的葡萄酒，餐酒搭配就完成了。这个过程并非基于任何现实，只取决于我们的丰富想象力和个人葡萄酒偏好。这没有什么不好，但是无助的消费者应该怎么应对呢？

您可以打赌，"北京烤鸭和葡萄酒"帖子的参与者会捍卫他们的选择。您还可以打赌，如果您选择了自己钟爱的葡萄酒，北京烤鸭尝起来就会很棒。如果事实证明这不是很好的搭配，那么通常放在桌子上的一点酱油或少量醋就会使菜肴与任何推荐的葡萄酒和谐共处。只要它是你首选的最爱葡萄酒。

如果您将网络葡萄酒推荐表拿给零售商看，您最终会说："我在寻找一种大气而淡雅，有果味且辛辣的成熟起泡白解百纳——黑皮诺——歌海娜——桑娇维赛新酒，要葡萄牙的，必须是澳大利亚酿酒师，还得是来自某意大利家族的新橡木桶，搭配北京烤鸭……"

好的，那么什么葡萄酒可以同时搭配中国宴会照片中描绘的这么多菜？您有腌鲤鱼、浇汁牛肚、调制咸猪肉、焖羊肉、凉拌海带、蒸青菜、烤牛肉包子，还有蛤蜊鱼汤、虾和蔬菜。顺便说一句，看到盘子右上方的两段式碟子了吗？放的是醋和酱油。问题解决——尽管选择自己最爱的葡萄酒。

用简单原则取代餐酒搭配"规则"

1. 葡萄酒应该是您喜欢的口味或风格。如果您讨厌高酒精度仙粉黛、白仙粉黛、黑皮诺或其他任何东西，无论您有没有搭配食物，葡萄酒尝起来都会很糟糕。

2. 您对餐酒搭配的要求越感性，想象中的葡萄酒和食物相匹配的可能性就越大。这是一种心理现象和自我验证的餐酒匹配预言，而非实际经验。

3. 您越敏感——也就是说，如果您的酒型人格是甜美型和超敏感型——您会本能地避免专家喜欢的酒体饱满的葡萄酒，并且会坚持自己喜欢的。您更可能从重口味的葡萄酒（高提取，高酒精）和含有大量鲜味食物的搭配中获得痛苦的反应。您会发现，添加少许柠檬和盐可以冲抵大多负面反应，但您首先应该不会偏爱大桶红葡萄酒或橡木桶白葡萄酒，那么请坚持您最喜欢的葡萄酒。

4. 宽容型人群通常不会想要淡雅雷司令，即使是搭配寿司。他们也应该坚持自己所喜欢的。如果您喜欢用重口味葡萄酒搭配重口味食物，或者清淡葡萄酒搭配清淡食物，请继续。

对许多人而言，葡萄酒和食物是生活的重要组成部分。不过说实话，大多数人都不怎么在乎。很抱歉这么残忍，但这是事实。但是现在那些不关心葡萄酒或食物的人不太可能读这本书，对吗？

对于我们这些有心人，无论您是酒店或餐馆从业者，葡萄酒经销商、零售商，还是在家准备晚餐的主人，都会发现学习酒型人格鉴别和口味平衡原则是一种乐趣——对喜欢在每次分享葡萄酒和食物的机会中享受更多乐趣的人而言，这是生活调味剂。您可以通过一系列精心挑选的葡萄酒来准备葡萄酒和美食晚餐。组织一次美食与葡萄酒品鉴会，帮助每个人确定自己的葡萄酒口味舒适点。解释酒型人格的概念，并将酒型人格鉴别作为葡萄酒品尝活动的一部分。然后在用餐过程中提供所有葡萄酒，让每个人尝试不同的餐酒搭配组合，或者只是坚持自己最爱的葡萄酒。鼓励任何想要将某些葡萄酒与不同菜肴相搭配的人！

突然间，一切与葡萄酒相关的服务行业及活动都变得很不同。您会注意到全新的活力。好客热情是无限的，因为您在说："我可以开什么酒？""谁在这儿？""我们有什么样的酒型人格？"

喝您喜欢的葡萄酒搭配自己钟爱的食物，学会理解和包容我们的个体差异。我保证，当愉悦客人从一件最困难的事情变成：您只需记住，灵活性和客人个人偏好比任何生硬速成的餐酒搭配规则更重要，那种激动感会让您飘飘欲仙。毕竟，在真正的热情好客和鉴赏力的所有原则中，取悦客人是最不可逾越和最经得起时间考验的。

我的生活经历再次证明，学到的越多，就会越惊讶于还有多少有待发现。如今对我来说，我已经放弃了自己曾经坚定不移的关于餐酒搭配的立场。现在我相信，我们需要回归真正的热情好客传统，同时鼓励所有葡萄酒爱好者完全放心地享用自己最爱的葡萄酒和自己期待的食物。

这一切都可以追溯到《拉鲁斯美食大全》中如此清晰阐明的原则，但是40 年来，我一直忽略了这一点。红葡萄酒、白葡萄酒、干葡萄酒或甜葡萄酒之间的选择应始终取决于客人的偏好。为每道菜提供相应选择，即兴创造"完美搭配"，但要确保我们的葡萄酒和食物搭配理念始终服从"客人偏好"。

以下是法国葡萄酒和食物搭配理念的精髓，更重要的是如何最好地理解葡萄酒以及餐酒搭配：

○为自己的历史、土地和文化而备感自豪。
○精心栽培食材和葡萄，然后准备好美食，且用心酿造您的葡萄酒。
○确保您总是把对家庭和社区的热爱放在首位，它比礼仪和任何形式的错误餐酒搭配规则更重要。
○吃您最爱的食物，喝您最爱的葡萄酒。

当您与他人分享葡萄酒时，请为您的客人提供各种葡萄酒以供选择。无论我们的个人激情或信念如何强烈，不要妄想每个人都喜欢浓烈的干红或高酸度干白葡萄酒。

我对法国美食和法国葡萄酒的热情毫不掩饰且从未减弱，这种爱一直持续到现在。招待客人时，我仍然喜欢烹饪非常经典的法国食物，并且喜欢让自己和他人沉醉于丰富多样的法国葡萄酒和美食中。但您可以打赌，我不会强加给客人自己的理想主义餐酒搭配执念。当您来我家时，您可以用白葡萄酒配羊肉，红葡萄酒配牡蛎，并且您可能会惊讶于大多数菜肴搭配所谓错误的葡萄酒的美妙体验。我会提供自己喜爱的葡萄酒，但只要客人更喜欢，我总是很乐意再开瓶不一样的。

以下是口味平衡应用于法国和意大利经典菜肴的一些例子：

○ 普遍使用醋、柠檬汁、酸葡萄汁（未成熟葡萄的非常酸的汁液）和调味酱汁。

○ 柠檬、醋和芥末作为调味品是餐桌标配。

○ 用盐腌渍的食物，包括橄榄和泡菜（意大利语"insalata"，现译为沙拉，实际上用来描述任何用盐腌渍的食物）。

○ 烹饪技巧，例如用酸化的热盐水烫芦笋或洋蓟，以降低它们与葡萄酒的相互作用。

○ 德式泡菜的作用，特别是与阿尔萨斯菜肴中的腌肉相结合，会产生强大效果，可以缓和曾经非常酸的葡萄酒。

○ 牡蛎搭配加醋的木樨草或柠檬。在波尔多的阿卡雄地区，您会品尝到柠檬或木樨草调味的咸羔羊肠，这种组合可以完美地搭配一杯美味红葡萄酒。

多年前，我有幸向法国皮米罗勒奥贝加德酒店的老板兼知名厨师米歇尔·特拉马提出并验证了口味平衡的理念。他完全同意这些原则，并且认为将口味平衡重新引入现代烹饪计划将有助于恢复过去数十年中法国菜失去的基本烹饪传统。

葡萄酒和食物的额外见解

以下是一些零散的关于葡萄酒和食物比较盛行的分歧，以及一些有用的葡萄酒和食物提示。

1. 番茄，葡萄酒和不同意见

我在本书的其他章节深入介绍了番茄，并且想以"什么葡萄酒可以或不可以搭配番茄"的问题作为关于感知和观点对比的精彩研究。番茄和葡萄酒搭配的反对派提出了正当的观点和理由：番茄很难与葡萄酒搭配。对许多人而言，特别是超敏感型群体，情况似乎如此。当您发现专家的手指向番茄的高酸度，并且将其视为口味不协调的原因时，就会产生这种错觉。

而实际上，番茄被认为是相对低酸度的水果。不协调的真正罪魁祸首（通常敏感型群体反应更强烈）是鲜味，它是成熟番茄美味而非酸度的一部分。事实上，更高酸度是令您的葡萄酒更加美味的解决方案！尝试吃一片番茄，然后品尝您最爱的葡萄酒。

在一大群参与者中，大约只有三分之一的人会发现葡萄酒令人不悦。请在第二块番茄上加点儿盐和柠檬，接下来会发生两件事。首先，口味平衡使番茄味道更好。其次，所有的葡萄酒都会更加柔顺——不那么刺激，不那么酸。您将清楚地看到解决番茄和葡萄酒困境的答案，甚至如果您一开始就遇到困境，解决方案就是给菜肴添加更多酸味。像往常一样，确切地说，持保留态度。

以下见解和建议来自 PickYourOwn.org："番茄是低酸性还是高酸性？总之，它们处于临界状态（注：与无花果大致相同）。就家庭罐装而言，它们是否为酸性，取决于品种。实际上，这是一个有争议的问题：只要您在每个罐子里加入少量柠檬汁（不会影响味道），它足以维持安全的酸度！"

请注意，葡萄酒配对困境在如下建议中得以解决：使您的番茄罐头更安全的方法是加入柠檬汁！

大多数番茄爱好者会同意，新鲜成熟的番茄加上一点儿盐和几滴新鲜柑橘汁或香醋是必杀技。好消息是，使番茄更加美味的同样清淡的调味料是您的口味平衡入门技能，因此您可以放心享用您最爱的葡萄酒：或甜或干，或红或白。您自己决定。

2. 甜点

如果您正在搭配甜葡萄酒，并且希望保持其甜味，请确保葡萄酒比菜肴更甜。这适用于主菜（通常不是很大问题），尤其是甜点。这是常识，而非误解。

如果您正在享用口感丰富的奢华甜葡萄酒，可以尝试咸味酸羊乳干酪、其他优质蓝莓奶酪（经典搭配，适合许多人）、柠檬或柑橘甜点。关于巧克力和葡萄酒的争论以及其他事情也只是争论。如果您喜欢巧克力搭配葡萄酒，便可以随意享用。如果您对此不感兴趣，也没问题。

我分享酒型人格的理念以及允许人们自由表达其葡萄酒偏好的经历越多，我就越坚定地认为，我们真的需要在餐酒搭配的美食范例中推动这种改变。晚餐变得更有趣，更诱人。葡萄酒话题可以自由探讨，为每个人提供更多机会来探索和发现各种新的葡萄酒。

3. 奶酪和葡萄酒

许多菜肴，如奶酪，几乎无须厨房处理。因此，口味平衡在于奶酪本身。以下建议供参考：

鲜味重的葡萄酒（通常更成熟或陈酿）往往会带有苦味和令人不悦的味道。

尝试用同样的葡萄酒（最好是红葡萄酒）分别搭配新的布里干酪和老的陈年布里干酪，您可能会注意到味道的相互作用。与他人一起尝试，您会看到人们出现不同的反应。

更敏感的酒型人格群体更容易感受到某些组合的苦味，甚至是金属味，例如红葡萄酒搭配蓝奶酪，而其他人却发现同样的组合显得柔顺和谐。建议：如果它很糟糕，请放弃。此外，甜美型和超敏感型群体倾向于喜欢首先对奶酪反应较少的葡萄酒——苦味较少，涩味较少，酒精较少。

洛克福羊乳干酪和大多数优质蓝干酪都完美匹配甜葡萄酒，以及适合大多数人的任何葡萄酒。对于真正敏感的酒型人格群体，请注意上面提到的咸味、酸味和鲜味。

像帕尔马干酪一样鲜而咸的奶酪通常都很好。咸味平衡了鲜味。注意：帕尔马干酪是最鲜的食物之一，这就是我们喜欢用它搭配这么多食物和食谱的原因，就像酱油一样。

如果您正享用干葡萄酒，请放弃奶酪配水果！对不起，请原谅我的大惊小怪。为此，我在大喊大叫。用葡萄酒搭配水果（相当于刷牙后喝橙汁）的想法只是一种对传统智慧的疯狂妄想。

用您的奶酪搭配咸的酸橄榄甚至小莳萝泡菜（小酸黄瓜）。精致的小沙拉配橄榄油、柠檬汁或香醋以及盐可以有效抵消任何令人不悦的相互作用。

永远不要忘记，那些喜欢运用想象力并热情地妄想完美搭配的人仍然受到尊重，并且鼓励入门者追随他们的想法。永远不要让这种激情冒犯那些只想享受一杯知道自己会喜欢的葡萄酒的人。本质上讲，这是在恢复传统和热情好客的风尚。

外出就餐时该怎么办

因果原则的应用使外出就餐变得很简单。点您最爱的葡萄酒和看起来最开胃的食物。如果您喜欢餐酒搭配，那就做吧——点您认为最能搭配所选菜肴或餐点的葡萄酒。如果您希望服务专员或侍酒师带您去巴黎，不要犹豫！不要忘记，我不是说希望停止进行餐酒搭配。不过如果您喜欢这么玩，就要了解现实，并且不要将自己的意愿和偏好强加给别人，除非他们要求或者给您许可。如果侍酒师或服务专员对您选择的葡萄酒嗤之以鼻或傻笑，请告诉他们参与该计划。他们正使用过时的葡萄酒和食品技术，现在必须升级到最新版。

如果您知道自己所吃的菜比较甜，您会怎么做？如果你讨厌甜食和干葡萄酒的相互作用，可以点更淡雅，甚至半干葡萄酒来搭配甜食。这就是专家经常推荐更淡雅或半干葡萄酒，如雷司令或清淡红葡萄酒，来搭配亚洲美食或其他甜食的原因。这个不是谬误！但是，如果您喜欢酒体饱满的葡萄酒、橡木桶装霞多丽或其他任何东西，那么不要犹豫。

坚持您钟爱的葡萄酒！如果有令人不悦的反应，请在啜饮之间休息片刻。或者加点儿柠檬和盐。

最后补充一点，如果餐厅不把盐放在桌子上，甚至更糟糕，拒绝提供盐，是对感官和美食无知的表现。那么请直接告诉他们或者委婉建议。

第八章 中国葡萄酒的未来在哪里

发自内心地享受葡萄酒

我对葡萄酒的迷恋已经持续数十年。这在很大程度上归功于似乎永无止境的葡萄酒历史、文化、传统、科学、商业，甚至技术传承。葡萄酒主题的广度和深度意味着人们可以用一辈子的时间来学习，而且学无止境。在我的职业生涯中，也许最重要的一课就是，学得越多，懂得越多，就越能意识到自己知之甚少！

中国的葡萄酒产业正处在非常重要的十字路口。一个方向是专业发展，随着中国的葡萄和葡萄酒的品质提升，人们专注于获得专家认证。这个十字路口的另一个方向是，更简单、更诚实地将葡萄酒视作美味饮料来享受。不仅在中国，而且在世界各地，这是一个关键节点：从专家告诉人们他们该喜欢什么，到葡萄酒专家和专业人士成为消费者在探索各种葡萄酒类型和风格时值得信赖的向导。

随着中国葡萄酒消费市场的成长并逐渐成熟，当务之急是了解欧洲特别是法国、意大利和西班牙等葡萄酒生产大国当前的趋势。葡萄酒消费呈直线下降趋势，而葡萄酒作为其文化的一部分正在迅速隐退！这种趋势有很多起因，其中之一就是，葡萄酒可以简单地享用，并且风味可以匹配个人需求的想法被取而代之，人们更多地关注"教育"消费者，将甜葡萄酒打入冷宫，忽视了葡萄酒作为其文化不可或缺部分的地位。

发自内心地享用葡萄酒意味着寻找并选择能给您带来最大乐趣的葡萄酒。可能只是就您的个人偏好而言那是最美味的葡萄酒。它可能意味着与特殊地区或审美品质相关的葡萄酒，也可能是某些人选择的葡萄酒，原因是他们重视专家意见或者葡萄酒的评级。不管怎样，它变得个性化。发自内心地享用葡萄酒也意味着所有葡萄酒爱好者都理解并尊重他人的意见和偏好。

如果这一愿景能够在中国实现，全球葡萄酒行业都将从中受益。这就是我的工作所努力的方向。

葡萄酒评比

我并未抱怨任何葡萄酒评比、评估流程或评级系统。我抱怨的是，它们变得过于复杂，而且其运作方式助长了狭隘风格，尤其是在中国。这使得高评级葡萄酒的吸引力局限于狭隘受众。我们缺少的是一种确保葡萄酒消费者可以根据与自身酒型人格相关的葡萄酒竞赛结果获得葡萄酒推荐的方法。

葡萄酒评比中的任何评委或评估员都可以理解您将酒型人格相反的人置于同一评审小组时所产生的混乱和争议。确切地说，某位资深专家评委可能声称某款葡萄酒在商业上是不可接受的，而另一位正为其极力推荐最佳展示奖！

我看到了中国葡萄酒评比的未来，届时评估意图将集中在针对中国的不同葡萄酒爱好者群体的葡萄酒上：给定一类葡萄酒，我们如何专业地选择他们最喜欢的葡萄酒？这种转变意味着，从站在技术角度评估葡萄酒（仍然可以成为评估流程的一部分），到更加个性化的评估方法："哪些葡萄酒爱好者会喜欢这种风格和类型的葡萄酒？"

这意味着为葡萄酒产业中的每个人提供更好的服务，同时将中国葡萄酒消费者的认知提升到全新水准。鼓励葡萄酒风格的百花齐放，同时推崇葡萄酒爱好者的多元化将成为一项使命。

餐厅酒单、侍酒师和服务专员

过去几十年中,我在中国工作所经历的事情之一就是越来越多的餐馆都有了酒单。不过仍有许多工作要做,因为成千上万的精致餐厅似乎根本不提供葡萄酒。

通过采纳葡萄酒偏好归类的原则和流程,以及推动更多商家提供简单酒单的行业倡议,餐厅将会受益颇多。试想一下,那是怎样的感受:侍酒师根据您喜欢的葡萄酒提供高度专业的个性化建议,而不是因为不认可您喜欢的某种风格的葡萄酒,就高傲地皱起眉头。

同时想象餐厅的受益,客人不会太畏于点葡萄酒,也无须转而选择白酒、啤酒或鸡尾酒。试想,如果只是用合适的葡萄酒匹配就餐者,而非晚餐:允许用餐者用菜单上自己真正想要品尝的食物来搭配熟悉的葡萄酒,那么必定会增添愉快和减少畏惧。还要注意:如果客人更喜欢,他们可以完全自行选择最爱的葡萄酒或专家推荐的葡萄酒。这也意味着对葡萄酒有深刻理解和研究的人可以款待乐意尝试神奇搭配的葡萄酒爱好者,而无须过分依赖资深侍酒师的经验和口味。

我一直在与美国各地的餐馆合作,这些餐馆有兴趣打造全新的葡萄酒单,这是一种按类型、甜度、果味、干性、柔顺、浓烈等标准划分的创新清单。但打破盛行多年的错误观念意味着一步一个脚印地努力。各种服务水准和美食类型的餐厅都采用了"创新葡萄酒单",包括橄榄园(Olive Garden)等全国连锁餐厅,丽思·卡尔顿等酒店,甚至高端精致餐饮会所。在中国,这种模式将带来惊人的积极效益。

几年前,我与某知名餐饮集团的首席执行官会晤,讨论了为他们的小型白色桌布连锁餐厅打造"创新葡萄酒单"的想法。在讨论会期间，我在观察他对我们所品尝的葡萄酒的反应。每喝一口，他都很痛苦且紧皱眉头。我开始询问他关于盐（喜欢大量盐）、咖啡（无法忍受）和人造甜味剂（像在咬铝箔）的问题。好的，他确实是超敏感型品尝者。然后我问道："您喜欢什么样的葡萄酒？"

"我自己讨厌这东西，"他承认，"我被葡萄酒专家包围，并且他们总是试图让我尝试这种或那种葡萄酒，而它们都很可怕。"

"等一下，"我说，然后我去了吧台。我向酒保要了一杯白仙粉黛。事实证明他们太尴尬了，这种酒不应出现在高级餐厅的酒单上，但他们在柜台下面放了一瓶。我拿了一杯递给餐厅老板，他小心翼翼地品尝。

"这个我喜欢，"他大声说道，"这是什么？"事实证明，围绕他的专家都不敢想象他可能会喜欢甜味的东西。他现在公开对葡萄酒示爱，在招待客人时他也会点昂贵的名酒，并确保满足每个人的口味，只要客人喜欢。

葡萄酒零售店

找到您的向导！设想一下，如果葡萄酒零售顾问和雇员接受过培训，知道如何识别每个顾客的酒型人格，然后为其选择的葡萄酒提供建议？而且商店里有与酒型人格对应的分区，凸显葡萄酒的个性、价值和声望，以满足不同客户的口味？

有几家零售商和连锁店根据风味类别进行了调整，但他们都未真正了解个中缘由。这些商店往往再次陷入现代葡萄酒价值判断的集体妄想：干性更好，红酒是牛排的更好搭档。然后他们通常会使用隐喻性描述，例如清脆的白色或性感的红色，而不是用更直接和简单的词语来彰显这些特质。

酒型人格、偏好、场合和期望的新碰撞不仅鼓励人们更多地探索和发现新的葡萄酒，它还有助于造就忠实的回头客。每次打开并分享一瓶葡萄酒时，他们会告诉其他人在您商店的美妙体验。

中国的酒庄和葡萄酒旅游

中国的葡萄酒旅游业正以惊人的速度成长。大多数酒庄品酒室、酒吧和葡萄酒展览都采用传统方式告诉游客和顾客他们应该喜欢什么，而不是在给出葡萄酒推荐前建立信任和联系。

就葡萄酒分类而言，我在世界各地的酒庄培训过品酒室的工作人员并与其共事。每一群游客中都会有人告诉我他们并不喜欢喝到的葡萄酒，直到他们了解了自己的酒型人格，并尝试这种知识揭示的他们可能更喜欢的葡萄酒。这种个性化推荐模式可以带来惊人红利，同时在客户满意度和葡萄酒销售方面产生积极成果。它不仅可以催生更加热情和博学的员工，还可以催生更快乐的客户，当他们觉得自己被认可时，他们会在品尝之旅中获得更多乐趣。

酒型人格鉴别是一种让游客在品酒室开启全新对话的好方式。一个始于讨论，忠于个性的方式。换句话说："您的酒型人格是什么？如果您不知道，我可以帮助您找到答案。然后我们可以专注于您真正钟爱的葡萄酒。"

葡萄酒礼物

有人向我指出，酒型人格鉴别不会显著影响宽容型和敏感型发烧友、鉴赏家或专家的行为、信心或偏好。他们已经知道自己的喜好并且对此感到满意。但是它可能有助于他们理解，并且更好地与超敏感型和甜美型群体相处。不用白费力气，给甜美型群体一瓶浓烈的西拉或赤霞珠，他们永远不会享受，或者只会礼貌地受苦。相反，您可以找到柔顺、淡雅甚至甘甜的葡萄酒来取悦他们。

相反，如果您知道自己正在为喜欢浓烈高评级葡萄酒的宽容型葡萄酒品尝者买酒，那也没问题。那就去找值得信赖的零售顾问或网站，找到每周极客之选，您会满意的！找到合适的葡萄酒店家来引导你，选一瓶让他们大吃一惊的葡萄酒，他们会问："您怎么知道的！"

当然，其要领在于找到值得信赖的葡萄酒零售商、店家、商店葡萄酒顾问或葡萄酒销售网站。

感谢以下人士对这本书的出版提供帮助和支持：

萨莎·保尔森（Sasha Paulsen）

艾丽尔·杰克逊（Ariel Jackson）

林丹妮（Danni Lin）

维吉尼亚·尤特莫伦 博士（Dr. Virginia Utermonhlen）

以及特别纪念我们的朋友

J. 庄（Joe Chuang）

编译说明

　　本书为有关葡萄酒品鉴的专业图书，其中有大量的外文书写的人名、地名、酒名、酒庄名、食物名、组织机构名等及专业名词。由于不少名称目前没有规范或约定俗成的中文译名，为保证名称的准确性，照顾阅读习惯，本书部分名称只保留了外文形式，并未译成中文；已译成中文的名称，也将外文名称以括注的形式附后，以方便读者阅读及查找。